现代水利工程管理
与环境发展探索

巴丽敏◎著

吉林科学技术出版社

图书在版编目（CIP）数据

现代水利工程管理与环境发展探索 / 巴丽敏著. --
长春 : 吉林科学技术出版社, 2022.11
ISBN 978-7-5578-9960-8

Ⅰ.①现… Ⅱ.①巴… Ⅲ.①水利工程管理 Ⅳ.
①TV6

中国版本图书馆CIP数据核字(2022)第207169号

现代水利工程管理与环境发展探索

著	巴丽敏
出 版 人	宛 霞
责任编辑	李海燕
封面设计	乐 乐
制 版	长春美印图文设计有限公司
幅面尺寸	185mm×260mm 1/16
字 数	100千字
页 数	144
印 张	9
印 数	1-1500 册
版 次	2022 年 11 月第 1 版
印 次	2023 年 3 月第 1 次印刷

出 版	吉林科学技术出版社
发 行	吉林科学技术出版社
地 址	长春市净月区福祉大路 5788 号
邮 编	130118
发行电话 / 传真	0431-81629529　81629530　81629531
	81629532　81629533　81629534
储运部电话	0431-86059116
编辑部电话	0431-81629518
印 刷	三河市嵩川印刷有限公司

书 号	ISBN　978-7-5578-9960-8
定 价	70.00 元

前言 ‖ Preface

　　水资源是维持人类生存和促进社会发展的重要物质基础，水资源开发利用，是改造自然、利用自然的一个方面，随着我国经济的快速发展，水资源短缺以及水资源污染现象日益严重。因此，加强对水资源的合理开发以及可持续利用显得尤为重要。与此同时，经济与科学技术的发展，也使水利事业在国民经济中的命脉和基础产业地位愈加突出。水利工程的建设关乎百姓福祉。可以说，只要有人类居住的地方，就有水利工程。在中国，到处都有水利工程的印记。从古代的郑国渠、都江堰、京杭大运河，到如今的南水北调、三峡工程，这些耳熟能详的名字所代表的无不是利国利民、举世瞩目的大型水利工程。

　　为了发展环境保护事业，以实现人类社会的可持续发展，必须在全人类范围内开展环境教育工作，把可持续发展的思想充分贯彻到人类的整个教育过程当中。在工程技术不断发展的今天，水利工程在国家建设和人们物质生活中的应用更加广泛，越来越深刻地影响着国家发展和人们的生活水平。伴随着社会的不断进步，水利建设所带来的环保效益也越来越明显，受到更多的关注。本书从水利工程管理的理论基础入手，针对水利工程施工组织管理、安全管理进行了分析研究。另外，本书对水利工程管理现代化创新发展做了一定的介绍，还对水资源可持续利用及水利建设中的环境保护做了简要分析，旨在摸索出一条适合现代水利工程管理与环境发展工作创新的科学道路，帮助其工作者在应用中少走弯路，运用科学方法，提高效率。

　　本书在撰写过程中参阅了众多文献资料和中外学者的研究成果，吸收了国内许多资深人士的宝贵经验和建议，在此表示诚挚的谢意。受时间和经验所限，书中难免存在缺漏，烦请读者指出不足之处，以便修改和完善。

目录 ‖Contents

<PART ONE>

第一章

水利工程管理的理论基础

第一节　我国水利工程管理对经济发展的推动作用

大规模水利工程建设可以取得良好的社会效益和经济效益，为经济发展和人民安居乐业提供基本保障，为国民经济健康发展提供有力支撑，水利工程是国民经济的基础性产业。大型水利工程是具有综合功能的工程，它具有巨大的防洪、发电、航运功能，并能产生一定的旅游、水产、引水和排涝等效益。它的建设对促进我国的华中、华东、西南三大地区的经济发展，促进相关区域的经济社会发展具有重要的战略意义，对我国经济发展可产生深远的影响。大型水利工程将促进沿途城镇的合理布局与调整，使沿江原有城市规模扩大，促进新城镇的建立和发展、农村人口向城镇转移，使城镇人口上升，加快城镇化建设的进程。同时，科学的水利工程管理也与农业发展密切相关。而农业是国民经济的基础，建立起稳固的农业基础，首先要着力改善农业生产条件，促进农业发展。水利是农业的命脉，重点建设农田水利工程，优先发展农田灌溉是其必然的选择。正是新中国成立之后的大规模农田水利建设，为我国粮食产量超过万亿斤、"十八连丰"奠定了基础。农田水利还为国家粮食安全保障做出了巨大贡献，巩固了农业在国民经济中的基础地位，从而保证了国民经济长期持续地健康发展并促进了社会的稳定和进步。经济发展和人民生活的改善都离不开水，水利工程为城乡经济发展、人民生活改善提供了必要的先决条件。科学的水利工程管理又为水利工程的完备建设提供了保障。

我国水利工程管理对国民经济发展的推动作用主要体现在如下两方面。

一、对转变经济发展方式和可持续发展的推动作用

可持续发展观是相对于传统发展观而提出的一种新的发展观。传统发展观以工业化程度来衡量经济社会的发展水平。自18世纪初工业革命开始以来，在长达两百多年的受人称道的工业文明时代，人们借助科学技术革命的力量，大规模地开发自然资源，创造了巨大的物质财富和现代物质文明，同时也使全球生态环境和自然资源遭到了最严重的破坏。显然，工业文明相对于小生产的"农业文明"而言，是一个巨大飞跃。但它给人类社会与大自然带来了巨大的灾难和不可估量的负效应，带来了生态环境严重破坏、自然资源日益枯竭、自然灾害泛滥、人与人的关系严重异化、人的本性丧失等。"人口爆炸、资源短缺、环境恶化、生态失衡"已成为困扰全人类的四大显性危机，面对传统发展观支配下的工业

文明所带来的巨大负效应和威胁，自 20 世纪 30 年代以来，世界各国的科学家开始不断地发出警告。在理论界苦苦求索的背景下，人类终于领悟了一种新的发展观——可持续发展观。

从水资源与社会、经济、环境的关系来看，水资源不仅是人类生存不可替代的一种宝贵资源，而且是经济发展不可缺少的一种物质基础，也是生态与环境维持正常状态的基础条件。因此，可持续发展，也就是要求社会、经济、资源、环境的协调发展。然而，随着人口的不断增长和社会经济的迅速发展，用水量也在不断增加，水资源的有限性与社会经济发展、水与生态保护的矛盾愈来愈突出。例如，水资源短缺、水质恶化等问题。如果再按目前的趋势发展下去，水问题将更加突出，甚至对人类的影响将是灾难性的。

水利工程是我国全面建成小康社会和基本实现现代化宏伟战略目标的命脉、基础和安全保障。传统的水利工程模式，是单纯依靠兴修工程防御洪水、依靠增加供水满足国民经济发展对于水的需求，这种通过消耗资源换取增长、牺牲环境谋取发展的方式，是一种粗放、扩张、外延型的增长方式。这种增长方式在支撑国民经济快速发展的同时，也付出了资源枯竭、环境污染、生态破坏的沉重代价，因而是不可持续的。

面对新的形势和任务，科学的水利工程管理利于制定合理规范的水资源利用方式。科学的水利工程管理有利于我国经济发展方式从粗放、扩张、外延型转变为集约、内涵型。且我国水利工程管理有利于开源节流、全面推进节水型社会建设，有利于调节不合理需求，提高用水效率和效益，从而保障水资源的可持续利用与国民经济的可持续发展。其以提高水资源产出效率为目标，降低了万元工业增加值用水量，提高了工业水重复利用率，发展了循环经济，为现代产业提供支撑。

当前，水资源供需矛盾突出仍然是可持续发展的主要瓶颈。人类的需要分为生存、享受和发展三个层次，从水利发展的需求角度就对应着安全性、经济性和舒适性三个层次。从世界范围的近现代治水实践来看，在水利事业发展中，通常优先处理水利发展与经济社会发展需求之间的矛盾。水利发展大体上可以由防灾减灾、水资源利用、水系景观整治、水资源保护和水生态修复五方面内容组成。前三个方面主要是处理水利发展与经济社会系统之间的关系。后两个方面主要是处理水利发展与生态环境系统之间的关系，各种水利发展事项属于不同类别的需求。防灾减灾、饮水安全、灌溉用水等，主要是"安全性需求"；生产供水、水电、水运等，主要是"经济性需求"；水系景观、水休闲娱乐、高品质用水等，主要是"舒适性需求"；水环境保护和水生态修复，则安全性需求和舒适性需求兼而有之，这是生态环境系统的基础性特征决定的。比如，水源地保护和供水水质达标主要属于"安全性需求"，而更高的饮水水质标准如纯净水和直饮水的需求，则属于"舒适性需求"。水利发展需求的各个层次，很大程度上决定了水利发展供给的内容。无论是防洪安全、供水安全、水环境安全，还是景观整治、生态修复，这些都具有很强的公益性，均应纳入公共服务的范畴。这决定了水利发展供给主要提供的是公共服务，水利发展的本质是不断提高水利的公共服务能力。根据需求差异，公共服务可分为基础公共服务和发展公共服务。基础公共服务主要是满足"安全性"的生存需求，为社会公众提供从事生产、生活、发展和娱乐等活动必需的基础性服务，如提供防洪抗旱、排涝、灌溉等基础设施；发展公共服务是为满足社会发展需要所提供的各类服务，如城市供水、水力发电、城市景观建设等，它更强调满足经济发展的需求及公众对舒适性的需求。一个社会存在各种各样的需求，水利发展需求也在其中。在经济社会发展的不同水平，水利发展需求在社会各种需求中的相对重要性在不断发生变化。随着经济的发展，水资源供需矛盾也日益突出。在水资源紧缺的同时，用水浪费严重，水资源利用效率较低。当前，解决水资源供需矛盾，必然需要依靠水利工程，而科学的水利工程管理是可持续发展的推动力。

二、对农业生产和农民生活水平提高的促进作用

水利工程管理是促进农业生产发展、提高农业综合生产能力的基本条件。农业是第一产业，民以食为天，农村生产的发展首先是以粮食为中心的农业综合生产能力的发展，而农业综合生产能力提高的关键在于农业水利工程的建设和管理，在一些地区，农业水利工程管理十分落后。重建设轻管理，这已经成为农业发展的瓶颈了。另外，加强农业水利工程管理有利于提高农民生活水平与质量。社会主义新农村建设一个十分重要的目标就是增加农民收入，提高农民生活水平，而加强农村水利工程等基础设施建设和管理是其基本条件。如可以通过农村饮水工程保障农民饮水安全，通过供水工程的有效管理，可以带动农村环境卫生和个人条件的改善，降低各种流行疾病的发病率等。

水利工程在国民经济发展中具有极其重要的作用，科学的水利工程管理会带动很多相关产业的发展。如农业灌溉、养殖、航运、发电等。水利工程使人类生生不息，且促进了社会文明的前进。从一定程度上讲，水利工程推动了现代产业的发展，若缺失了水利工程，也许社会就会停滞不前，人类的文明也将受到挑战，可见科学的水利工程管理可以推动各产业的发展。

科学的水利工程管理可推动农业的发展。"有收无收在于水、收多收少在于肥"的农谚道出了水利工程对粮食和农业生产的重要性。我国农业用水方式粗放，耕地缺少基本灌溉条件，现有灌区普遍存在标准低、配套差、老化失修等问题，严重影响农业稳定发展和国家粮食安全。近年来，水利建设在保障和改善民生方面取得了重大进展，一些与人民群众生产生活密切相关的水利问题尤其是农村水利发展的问题获得了很大改善。完备的水利工程建设离不开科学的水利工程管理。首先，科学的水利工程管理，有利于解决灌溉问题，消除旱情灾害。农业生产主要追求粮食产量，以种植水稻、小麦、油菜为主，但是这些作物如果在没有水或者在水资源比较缺乏的情况下，产量会受极大的影响。比如遇到大旱之

年，农作物连活下去都是问题，哪还来的产量，很大可能是颗粒无收，这样农民白白辛苦了一年的劳作将毁于一旦，收入更无从提起。农民本来就是以种庄稼为主，如若庄稼没了，将会给农民带来巨大的经济损失。因此，加强农田水利工程建设可以满足粮食作物的生长需要，解决灌溉问题，消除灾情的灾害，给农民也带来可观的收益。其次，科学的水利工程管理有利于节约农田用水，减少农田灌溉用水损失。

在大涝之年农田通水不缺少的情况下，可以利用水利工程建设将多余的水积攒起来，以便日后需要时使用。另外，蔬菜、瓜果、苗木实施节水灌溉是促进农业结构调整的必要保障，加大农业节水力度、减少灌溉用水损失，有利于解决农业面的污染，有利于转变农业生产方式，有利于提高农业生产力。这大大减少了水资源不必要的浪费，起到了节约农田用水的目的。最后，科学的水利工程管理有利于减少农田的水土流失。大涝天气会引起农田水土流失，影响农村生态环境。当发生大涝灾害时，水土资源会受到极大的影响，肥沃的土地肥料会因洪涝的发生而减少，丰富的土质结构也会遭到破坏，农作物产量亦会随之减少。而科学的水利工程管理，促进渠道兴修，引水入海，有利于减少农田水土流失。

三、对其他各产业发展的推动作用

水利工程建设和管理有效地带动和促进了其他产业如建材、冶金、机械、燃油等的发展，增加了就业机会。由于受保护区抗洪能力明显提高，人民群众生产生活的安全感和积极性大大增强，工农业生产成本大幅度降低，直接提高了经济效益和人均收入，为当地招商引资和扩大再生产提供了重要支撑，促进了当地工农业生产发展。

科学的水利工程管理可推动水产养殖业的发展。首先，科学的水利工程管理有利于改良农田水质，解决水产养殖受水质影响的问题。水污染带来的水环境恶化、水质破坏问题日益严重，水产养殖受影响很大。随着水产养殖业的发展，水源水质的标准要求也更加严格。当水源污染、水质破坏现象发生时，水产养殖业就会受到影响。而科学的水利工程管理，有利于改良农田水质，促进水产养殖业的发展。其次，科学的水利工程管理有利于扩大鱼类及水生物生长空间，为渔业发展提供有利条件。

科学的水利工程管理可推动航运的发展。以三峡工程为例，三峡工程修建后，航运条件明显改善，万吨级船队可直达重庆，运输成本可降低 35% ~ 37%。不修建三峡工程，虽可采取航道整治辅以出川铁路分流，满足 5000 万吨出川运量的要求，但工程量很大，且无法改善川江坡陡流急的状况，万吨级船队不能直达重庆，运输成本也难以大幅度降低。三峡水利工程的修建，推动了三峡附近区域的航运发展。而欲使三峡工程最大限度地发挥其航运作用，需对其予以科学的管理。故而，科学的水利工程管理可推动航运的发展。

科学的水利工程管理还可推动旅游业发展。水利工程的建设推动了各地沿河各种景区、景点的开发建设，科学的水利工程管理有助于水利工程旅游业的发展。水利工程旅游业的发展既可以发掘各地沿河水资源的潜在效益，带动沿线地方经济的发展，促进经济结构、产业结构的调整，也可以促进水生态环境的改善，美化净化城市环境，提高人民生活质量，提高居民收入。由于水利工程旅游业涉及交通运输、住宿餐饮、导游等众多行业，所以依托水利工程旅游，可提高地方整体经济水平，并增加就业机会，甚至能够吸引更多的劳动人口，进而推动旅游服务业的发展，提高居民的收入水平和生活水准。

科学的水利工程管理也有助于优化电能利用。科学的水利工程管理可促进水电资源的利用。现在，水电工程已成为维持整个国家电力需求正常供应的重要来源。科学的水利工程管理有助于对水利电能进行合理开发与利用。

第二节　我国水利工程管理对社会发展的推动作用

随着工业化和城镇化的不断发展，科学的水利工程管理有利于增强防灾减灾能力，强化水资源节约保护工作，扭转听天由命的水资源利用局面，进而推动社会的发展。

一、对社会稳定的作用

水利工程管理有利于构建科学的防洪体系，而科学的防洪体系可减轻洪水所造成的损失，保障人民生命财产安全和社会稳定。全国主要江河初步形成了以堤防、河道整治、水库、蓄滞洪区等为主的工程防洪体系，在抵御历年发生的洪水中发挥了重要作用，有利于社会稳定。

社会稳定首先涉及的是人与人、不同社会群体、不同社会组织之间的关系。这种关系的核心是利益关系，而利益关系与分配密切相关，利益分配是否合理，是社会稳定与否的关键。分配问题是个大问题。当前，中国的社会分配出现了很大的问题，分配不公和收入差距拉大已经成为不争的事实，这是导致社会不稳定的基础性因素。而科学的水利工程管理，有利于水利工程的修建与维护，有利于提高水利工程沿岸居民的收入水平，有利于缩小贫富差距，改善分配不均的局面，进而有利于维护社会稳定。科学的水利工程管理有助于构建社会稳定风险系统控制体系，从而将社会稳定风险降到最低，进而保障社会稳定。由于水利工程本来就是大型国家民生工程，其具有失事后果严重，损失大的特点，而水情又是难以控制的，且一般水利工程都是根据百年一遇洪水设计，所以无法排除是否会遇到更大设计流量的洪水。因此，当更大流量洪水发生时，所造成的损失必然是巨大的，也必然引发社会稳定问题，而科学的水利工程管理可将损失降到最小。同时水利工程的修建可能会造成大量移民，而这部分背井离乡的人是否能得到妥善安置也与社会稳定与否息息相关，此时必然得依靠科学的水利工程管理。

建设大型水利工程所导致的移民促进了汉族与少数民族之间的经济、文化交流，促进了内地和西部少数民族平等、团结、互助、合作、共同繁荣的新型民族关系的形成。工程是文化的载体。而水利工程文化是其共同体在工程活动中所表现或体现出来的各种文化形态的集结或集合。水利工程在工程活动中会形成共同的风格、共同的语言、共同的办事方法及其存在着共同的行为规则。作为规则，水利工程活动则包含着决策程序、审美取向、验收标准、环境和谐目标、建造目标、施工程序、操作守则、生产条例、劳动纪律等，这些规则促进了水利工程文化的发展，哲学家将其上升为哲理指导人们的水利工程活动。李冰在修建都江堰水利工程的同时，也建起了中华民族治水文化的丰碑，将中华民族治水哲学进行了升华。都江堰水利工程是一部水利工程科学全书。它包含系统工程学、流体力学、生态学，体现了尊重自然、顺应自然规律并把握其规律的哲学理念。它留下的"治水"三字经、八字真言"深淘滩、低作堰""遇弯截角、逢正抽心"，至今仍是水利工程活动的主导哲学思想，其哲学思想促进了民族同胞的交流，促进民族大团结。再者，水利工程能发挥综合的经济效益，给社会经济的发展提供强大的清洁能源支持，为养殖、旅游、灌溉、防洪等提供条件，从而提高相关区域居民的物质生活条件，促进社会稳定。综上，水利工程管理对社会稳定的作用主要可以概括为以下几方面。

第一，水利工程管理为社会提供了安全保障。兴建水利工程最初的一个作用就是防洪，减少水患的发生。依据以往的资料记载，我国的洪水主要是发生在长江、黄河、松花江、珠江以及淮河等河流中下游平原地区，水患的发生不仅影响到了社会经济的健康发展，对人民群众的安全也会造成一定的影响。通过在河流的上游兴建水库，在河流的下游扩大排洪，使得这些河流的防洪能力得到了很好的提升。随着经济社会的快速发展，水利建设进程加快，以三峡工程、南水北调工程为标志，一大批关系国计民生的重点水利工程相继进入建设、使用和管理阶段。当前，我国已初步形成了大江大河大湖的防洪排涝工程体系，有效地控制了常遇洪水，抗御了大洪水和特大洪水，减轻了洪涝灾害损失，特别是确保了黄河的岁岁安澜。

第二，水利工程管理有助于促进农业生产。水利工程对农业有着直接的影响，通过兴修水利，使得农田得到灌溉，农业生产的效率得到提升，进而促进农民丰产增收。灌溉工程为农业发展特别是粮食稳产、高产创造了有利的前提条件，奠定了农业长期稳步发展的基础，巩固了农业在国民经济发展中的基础地位。虽然我国人口众多，但是因为水利工程的兴建与管理使得土地灌溉的面积大大增加，使得全国人民的基本粮食需求得到了满足，为解决14亿人口的穿衣吃饭问题做出巨大贡献。

第三，水利工程管理有助于提高城乡人民生产生活水平。大量蓄水、引水、提水工程的兴建有效提升了我国水资源的调控能力和城乡供水保障能力。水利工程管理向城乡提供清洁的水源，有效地推动了社会经济的健康发展，保障了人民群众的生活质量，也在一定程度上促进了经济和社会的健康发展。另外，大多数水利工程，特别是大型水利枢纽的建设地点都选在高山峡谷、人烟稀少地区，水利枢纽的建设大大加速了地区经济和社会的发展进程，甚至会出现跨越式发展。我国的小水电建设还解决了山区缺电问题，不仅促进了农村乡镇企业发展和产业结构调整，还加快了老少边穷地区农牧民脱贫致富。

二、对和谐社会建设的推动作用

人与自然的和谐关系是社会主义和谐社会的重要特征，人与水的关系是人与自然关系中最密切的关系。只有加强和谐社会建设，才能实现人水和谐，人与自然和谐共处，促进水利工程建设可持续发展。水利工程发展与和谐社会建设具有十分密切的关系，水利工程发展是和谐社会建设的重要基础和有力支撑，有助于推动和谐社会建设。

水利工程活动与社会的发展紧密相连、和谐社会的构建离不开和谐的水利工程活动。树立当代水利工程观，增强其综合集成意识，有益于和谐社会的构建。从历史的视野来看，中西方文化对于人与自然的关系有着不同的理解。自然是人类认识改造的对象，工程活动是人类改造自然的具体方式。传统的水利工程活动通常认为水利工程是改造自然的工具，人类可以向自然无限制地索取以满足人类的需要，这样就导致水利工程活动成为破坏人与自然关系的直接力量。在人类物质极其缺乏、科技不发达时期，人类为满足生存的需要，这种水利工程观有其合理性。随着社会发展，社会系统与自然系统相互作用不断增强，水利工程活动不但对自然界造成影响，还会影响社会的运行发展。在水利工程活动过程中，会遇到各种不同的系统内外部客观规律的相互作用问题。如何处理它们之间的关系是水利工程研究的重要内容。因而，我们必须以当代和谐水利工程观为指导，树立水利工程综合集成意识，推动和谐社会的构建步伐。要使大型水利工程活动与和谐社会的要求相一致，就必须以当代水利工程观为指导协调社会规律、科学规律、生态规律，综合体现不同方面的要求，协调相互冲突的目标。摒弃传统的水利工程观念及其活动模式，探索当代水利工程观的问题，揭示大型水利工程与政治、经济、文化、社会、环境等相互作用的特点及其规律。在水利工程规划、设计、实施中，运用科学的水利工程管理，化冲突为和谐，为和谐社会的构建做出水利工程实践方面的贡献。

人与自然和谐相处是社会和谐的重要特征和基本保障，而水利是统筹人与自然和谐的关键。人与水的关系直接影响人与自然的关系，进而会影响人与人的关系、人与社会的关系。如果生态环境受到严重破坏、人民的生产生活环境恶化，如果资源能源供应高度紧张、经济发展与资源能源矛盾尖锐，人与人的和谐、人与社会的和谐就无法实现，建设和谐社会就无从谈起。科学的水利工程管理以可持续发展为目标，尊重自然、善待自然，保护自然。要严格按自然经济规律办事，坚持防洪抗旱并举，兴利除害结合，开源节流并重，量水而行，以水定发展，在保护中开发，在开发中保护，按照优化开发、重点开发、限制开发和禁止开发的不同要求，明确不同河流或不同河段的功能定位，实行科学合理开发，强化生态保护。在约束水的同时，必须约束人的行为；在防止水对人的侵害的同时，更要防止人对水的侵害；在对水资源进行开发、利用、治理的同时，更加注重对水资源的配置、节约和保护。从无节制的开源趋利、以需定供转变为以供定需，由"高投入、高消耗、高排放、低效益"的粗放型增长方式向"低投入、低消耗、低排放、高效益"的集约型增长方式转变；由以往的经济增长为唯一目标，转变为经济增长与生态系统保护相协调，统筹考虑各种利弊得失、大力发展循环经济和清洁生产，优化经济结构，创新发展模式，节能降耗，保护环境；在以水利工程管理手段进一步规范和调节与水相关的人与人、人与社会的关系，实行自律式发展科学的水利工程管理利于科学治水，在防洪减灾方面，给河流以空间，给洪水以出路，建立完善工程和非工程体系，合理利用雨洪资源，尽力减少灾害损失，保持社会稳定；在应对水资源短缺方面，协调好生活、生产、生态用水，全面建设节水型社会，大力提高水资源利用效率；在水土保持生态建设方面，加强预防、监督、治理和保护，充分发挥大自然的自我修复能力，改善生态环境；在水资源保护方面，加强水功能区管理，制定水源地保护监管的政策和标准，核定水域纳污能力和总量，严格排污权管理。依法限制排污，保证人民群众饮水安全，进而推动和谐社会建设。概括起来，水利工程管理对和谐社会建设的作用可以概括如下。

第一，水利工程管理通过改变供电方式有利于经济、生态等多方面和谐发展。

水力发电已经成为我国电力系统十分重要的组成部分。新中国成立之后，一大批大中型水利工程的建设为生产和生活提供大量的电力资源，极大地方便了人民群众的生产生活，也在一定程度上改变了我国过度依赖火力发电的局面，这也有利于环境的改善。我国不管是水电装机的容量还是水利工程的发电量，都处在世界前列。特别是农村小水电的建设有力地推动了农村地区乡镇企业的发展，为进行农产品的深加工、进行农田灌溉等做出了巨大的贡献。三峡工程、小浪底水利工程、二滩水利工程等一大批有着世界影响力的水利枢纽工程的建设，预示着我国水力发电的建设已经进入了一个十分重要的阶段。

第二，水利工程管理有助于保护生态环境，促进旅游等第三产业发展。

水利建设为改善环境做出了积极贡献，其中水土保持和小流域综合治理改善了生态环境，水力发电的发展减少了环境污染，为改善大气环境做出了贡献，农村小水电不仅解决了能源问题，还为实施封山育林、恢复植被等创造了条件，另外，污水处理与回用、河湖保护与治理也有效地保护了生态环境。水利工程在建成之后，库区的风景区使得山色、瀑布、森林以及人文等紧密地融合，呈现出一幅山水林岛的和谐画面，是绝佳的旅游胜地。例如，举世瞩目的三峡工程在建成之后也成为一个十分著名的旅游景点，吸引了大量的游客前往参观，感受三峡工程的魅力，客观上促进了旅游收益的提升，增加了当地群众的经济收入。

第三，水利工程管理具有多种附加值，有利于推动航运等相关产业发展。

水利工程管理在对水利工程进行设计规划、建设施工、运营、养护等管理过程中，有助于发掘水利工程的其他附加值，如航运产业的快速发展。内河运输一个十分重要的特点就是成本较低，通过进行水运可以增加运输量，降低运输的成本，满足交通发展需要的同时促进经济的快速发展。水利工程的兴建与管理使得内河运输得到了发展，长江的"黄金水道"正是在水利工程的不断完善和兴建的基础之上得到发展和壮大的。

第三节　我国水利工程管理对生态文明的促进作用

生态文明是人类文明发展的一个新的阶段，即工业文明之后的文明形态。生态文明是人类遵循人、自然、社会和谐发展这一客观规律而取得的物质与精神成果的总和。生态文明是以人与自然、人与人、人与社会和谐共生、良性循环、全面发展、持续繁荣为基本宗旨的社会形态。它以尊重和维护生态环境为主旨，以可持续发展为根据，以未来人类的继续发展为着眼点。这种文明观强调人的自觉与自律，强调人与自然环境的相互依存、相互促进、共处共融。三百年的工业文明以人类征服自然为主要特征。世界工业化的发展使征服自然的文化达到极致；一系列全球性生态危机说明地球再没能力支持工业文明的继续发展。需要开创一个新的文明形态来延续人类的生存，这就是生态文明。如果说农业文明是黄色文明，工业文明是黑色文明，那生态文明就是绿色文明。生态，指生物之间以及生物与环境之间的相互关系与存在状态，亦即自然生态。自然生态有着自在自为的发展规律，人类社会改变了这种规律，把自然生态纳入人类可以改造的范围，这就形成了文明。生态文明，是指人类遵循人、自然、社会和谐发展这一客观规律而取得的物质与精神成果的总和，是指人与自然、人与人、人与社会和谐共生、良性循环、全面发展、持续繁荣为基本宗旨的文化伦理形态。

生态文明是人类文明的一种形态，它以尊重和维护自然为前提，以人与人、人与自然、人与社会和谐共生为宗旨，以建立可持续的生产方式和消费方式为内涵，以引导人们走上持续、和谐的发展道路为着眼点。生态文明是从自然生态、类生态和内生态之三重生态圆融互摄的意义上反思人类生存发展过程，系统思考和建构人类的生存方式。生态文明强调人的自觉与自律，强调人与自然环境的相互依存、相互促进、共处共融，既追求人与生态的和谐，也追求人与人的和谐，而且人与人的和谐是人与自然和谐的前提。可以说，生态文明是人类对传统文明形态特别是工业文明进行深刻反思的成果，是人类文明形态和文明发展理念、道路和模式的重大进步。

科学的水利工程管理可以转变传统水利工程活动的运转模式，使水利工程活动更加科学有序，同时促进生态文明建设。若没有科学的水利工程理念做指导，水利工程会对水生态系统造成某种胁迫，如水利工程会造成河流形态的均一化和不连续化，引起生物群落多样性水平下降。但科学合理的水利工程管理有助于减少这一现象的发生，能够尽量避免或减少水利工程所引起的一些后果。

若不考虑科学的水利工程管理，仅仅从水利工程出发，则势必造成对生态的极大破坏。因为水利工程活动主要关注人对自然的改造与征服，而忽视自然的自我恢复能力，忽略过度的开发自然会造成自然对人类的报复，其既不考虑水利工程对社会结构及变迁的影响，也不考虑社会对水利工程的促进与限制。且在水利工程的决策、运行与评估的过程中，只考虑人的社会活动规律与生态环境的外在约束条件，没将其视为水利工程活动的内在因素。但运用科学的水利工程管理，可形成科学的水利工程理念。此时水利工程考虑的不再仅是人对自然的征服改造，它是在科学发展观的基础上，协调人与自然的关系，工程活动既考虑当代人的需要又考虑到后代人的需求，是和谐的水利工程。运用科学水利工程管理理念的水利工程转变了传统水利工程的粗放发展方式。运用科学水利工程管理理念的水利工程活动是一种集约式的工程活动，与当代的经济发展模式相适应，其具备较完善的决策、实施、评估等相关系统。它也会成为知识密集型、资源集约型的造物活动，具备更高的科技含量。再者，其在改造环境的同时保护环境，使生态环境能够可持续发展，将生态环境作为工程活动的外在约束条件，以生态因素作为水利工程的决策、运行、评估内在要素。

科学的水利工程管理对生态文明的促进作用主要体现在以下两方面。

一、对资源节约的促进作用

节约资源是保护生态环境的根本之策。节约资源意味着价值观念、生产方式、生活方式、行为方式、消费模式等多方面的变革，涉及各行各业，与每个企业、单位、家庭、个人都有关系，需要全民积极参与。必须利用各种方式在全社会广泛培育节约资源意识，大力倡导珍惜资源、节约资源风尚，确立和牢固树立节约资源理念，形成节约资源的社会共识和共同行动，全社会齐心合力共同建设资源节约型、环境友好型社会资源是增加社会生产和改善居民生活的重要支撑，节约资源的目的并不是减少生产和降低居民消费水平，而是使生产相同数量的产品能够消耗更少的资源，或者用相同数量的资源能够生产更多的产品、创造更高的价值，使有限资源能更好满足人民群众物质文化生活需要。只有通过资源的高效利用，才能实现这个目标。因此，转变资源利用方式，推动资源高效利用，是节约利用资源的根本途径。通过科技创新和技术进步深入挖掘资源利用效率，促进资源利用效率不断提升，真正实现资源高效利用，努力用最小的资源消耗支撑经济社会发展。科学的水利工程管理，有助于完善水资源管理制度，加强水源地保护和用水总量管理，加强用水总量控制和定额管理、制订和完善江河流域水量分配方案，推进水循环利用，建设节水型社会科学的水利工程管理，可以促进水资源的高效利用，减少资源消耗。

我国经济社会快速发展和人民生活水平提高对水资源的需求与水资源时空分布不均以及水污染严重的矛盾，对建设资源节约型和环境友好型社会形成了倒逼机制。人的命脉在田，在人口增长和耕地减少的情况下保障国家粮食安全，对农田水利建设提出了更高的要求。水利工作需要正确处理经济社会发展和水资源的关系，全面考虑水的资源功能、环境功能和生态功能，对水资源进行合理开发、优化配置、全面节约和有效保护。水利面临的新问题需要有新的应对之策，而水利工程管理又是由问题倒逼而产生，同时又在不断解决问题中得以深化。

二、对环境保护的促进作用

宇宙中，地球是一个蔚蓝色的星球，地球的水资源是很丰富的，共有 14.5 亿立方千米之多，其 72% 的表面积覆盖水。但实际上，地球上 97.5% 的水是咸水，又咸又苦，不能饮用，不能灌溉，也很难在运用于工业中，能直接被人们生产和生活利用的少得可怜，淡水仅有 2.5%。而在淡水中，将近 70% 冻结在南极和格陵兰的冰盖中，其余的大部分是土壤中的水分或是深层地下水，难以供人类开采使用。江河、湖泊、水库等来源的水较易于开采供人类直接使用，但其数量不足世界淡水的 1%，约占地球上全部水的 0.007%。全球淡水资源不仅短缺而且地区分布极不平衡，而我国又是一个干旱缺水严重的国家。淡水资源总量为 28000 亿立方米，占全球水资源的 6%，仅为世界平均水平的 1/4、美国的 1/5，在世界上名列 121 位，是全球 13 个人均水资源最贫乏的国家之一。扣除难以利用的洪水径流和散布在偏远地区的地下水资源后，中国实际可利用的淡水资源量则更少，仅为 11000 亿立方米左右，人均可利用水资源量约为 900 立方米，并且其分布极不均衡。而且我国水体水质总体上呈恶化趋势，水环境恶化，严重影响了我国经济社会的可持续发展。而科学的水利工程管理可以促进淡水资源的科学利用。加强对水资源的保护，对环境保护起到促进性的作用。水利是现代化建设不可或缺的首要条件，是经济社会发展不可替代的基础支撑，当然也是生态环境改善不可分割的保障系统，其具有很强的公益性、基础性、战略性。

同时，科学的水利工程管理可以加快水力发电工程的建设，而水电又是一种清洁能源，水电的发展有助于减少污染物的排放，进而保护环境。水力发电相比于火力发电等传统发电模式在污染物排放方面有着得天独厚的优势，水力发电成本低，水力发电只是利用水流所携带的能量，无须再消耗其他动力资源，水力发电直接利用水能，几乎没有任何污染物排放。水电是清洁、环保、可再生能源，可以减少污染物的排放量，改善空气质量，还可以通过"以电代柴"，有效保护山林资源，提高森林覆盖率并且保持水土。

一般情况下，地区性气候状况受大气环流控制，但修建大、中型水库及灌溉工程后，原先的陆地变成了水体或湿地，使局部地表空气变得较湿润，对局部小气候会产生一定的影响，主要表现在对降雨、气温、风和雾等气象因子的影响。而科学的水利工程管理就可对地区的小气候施加影响，因时制宜，因地制宜，利于水土保持。而水土保持是生态建设的重要环节，也是资源开发和经济建设的基础工程，科学的水利工程管理，可以快速控制水土流失，提高水资源利用率，通过促进退耕还林还草及封禁保护，加快生态自我修复，实现生态环境的良性循环，改善生产、生活和交通条件，为开发创造良好的建设环境，对于环境保护具有重要的促进作用。

大型水利工程通常既是一项具有巨大综合效益的水利枢纽工程，又是一项改造生态环境的工程。人工自然是人类为满足生存和发展需要而改造自然环境建造的一些生态环境工程。例如，三峡工程具有巨大的防洪效益，可以使荆江河段的防洪标准由十年一遇提高到百年一遇，即使遇到特大洪水，也可避免发生毁灭性灾害，这样就可以有效减免洪水灾害对长江中游富庶的江汉平原和洞庭湖区生态环境的严重破坏。最重要的是可以避免人口的大量伤亡，避免洪灾带来的饥荒、救灾赈济和灾民安置等一系列社会问题，可减免洪灾对人们心理上造成的威胁，减缓洞庭湖淤积速度，延长湖泊寿命，还可改善中下游枯水期的时间。三峡水电站每年发电 847 亿千瓦时，与火电相比，为国家节省大量原煤，可以有效地减轻对周围环境的污染，具有巨大的环境效益。其每年可少排放上万吨二氧化碳，上百万吨二氧化硫，上万吨一氧化碳，37 万吨氮氧化合物，以及大量的废水、废渣，还可减轻因有害气体的排放而引起酸雨的危害。三峡工程还可使长江中下游枯水季节的流量显著增大，有利于珍稀动物江豚及鱼类安全越冬，减免因水浅而发生的意外死亡，还有利于减少长江口盐水上溯长度和入侵时间，由此看来，三峡工程的生态环境效益是巨大的。水生态系统作为生态环境系统的重要部分，在促进物质循环、生物多样性、自然资源供给和气候调节等方面起到举足轻重的作用。

三、对农村生态环境改善的促进作用

促进生态文明是现代社会发展的基本诉求之一，建设社会主义新农村也要实现村容整洁，这就要求必须加强农业水利工程建设，统筹考虑水资源利用、水土流失与污染等一系列问题及其防治措施，实现保护和改善农村生态环境的目的。水利工程管理是现代农业建设不可或缺的首要条件，是经济社会发展不可替代的基础支撑，是生态环境改善不可分割的保障系统，具有很强的公益性、基础性、战略性。加快水利工程发展，不仅事关农业农村发展，而且事关经济社会发展全局；不仅关系到防洪安全、供水安全、粮食安全，而且关系到经济安全、生态安全、国家安全。要把水利工程管理工作摆到党和国家事业发展更加突出的位置，着力加快农田水利工程建设和管理，推动水利工程管理实现跨越式发展。

水利工程管理对农村生态环境改善的促进作用可以归纳为以下几点：解决旱涝灾害。

水资源作为人类生存和发展的根本，具有不可替代的作用，但是对于我国而言，由于不同气候条件的影响，水资源的空间分布极不均匀，南方水资源丰富，在雨季常常出现洪涝灾害，而北方水资源相对不足，常见干旱，这两种情况都在很大程度上影响了农业生产的正常进行，影响着人们的日常生产和生活。而水利工程管理，可以有效解决我国水资源分布不均的问题，解决旱涝灾害，促进经济的持续健康发展。如南水北调工程，就是其中的代表性工程；改善局部生态环境。在经济发展的带动下，人们的生活水平不断提高，人口数量不断增加，对于资源和能源的需求也在不断提高，现有的资源已经无法满足人们的生产和生活需求。而通过水利工程的兴建和有效管理，不仅可以有效消除旱涝灾害，还可以对局部区域的生态环境进行改善，增加空气湿度，促进植被生长，为经济的发展提供良好的环境支持；优化水文环境。水利工程管理，能够对水污染情况进行及时有效的治理，对河流的水质进行优化。以黄河为例，由于上游黄土高原的土地沙化现象日益严重，河流在经过时，会携带大量的泥沙，产生泥沙的淤积和拥堵现象，而通过兴修水利工程，利用蓄水、排水等操作，可以大大加快下游的水流速度，对泥沙进行排泄，保证河道的畅通。

第四节　我国水利工程管理与科技发展的互推作用

工程科技与人类生存息息相关。温故而知新。回顾人类文明历史，人类生存与社会生产力发展水平密切相关，而社会生产力发展的一个重要源头就是工程科技。工程造福人类，科技创造未来。工程科技是改变世界的重要力量，它源于生活需要，又归于生活之中历史证明，工程科技创新驱动着历史车轮飞速旋转，为人类文明进步提供了不竭动力源泉，推动人类从蒙昧走向文明、从游牧文明走向农业文明、工业文明、走向信息化时代。改革开放以来，中国经济社会快速发展，其中工程科技创新驱动功不可没，当今世界，科学技术作为第一生产力的作用愈加凸显，工程科技进步和创新对经济社会发展的主导作用也更加突出。

一、水利工程管理对工程科技体系的影响和推动作用

古往今来，人类创造了无数令人惊叹的工程科技成果，古代工程科技创造的许多成果至今仍存在着，它们见证了人类文明。如古埃及金字塔、古罗马斗兽场、柬埔寨吴哥窟、印度泰姬陵等古代建筑奇迹，再如中国的造纸术、火药、印刷术、指南针等重大技术创造和万里长城、都江堰、京杭大运河等重大工程，都是当时人类文明形成的关键因素和重要标志，都对人类文明发展产生了重大影响，都对世界历史演进具有深远意义。中国是有着悠久历史的文明古国，中华民族是富有创新精神的民族。五千多年来，中国古代的工程科

技是中华文明的重要组成部分，并为人类文明的进步做出了巨大贡献。

近代以来，工程科技更直接地把科学发现同产业发展联系在一起，成为经济社会发展的主要驱动力。每一次产业革命都同技术革命密不可分。18世纪时，蒸汽机引发了第一次产业革命，导致从手工劳动向动力机器生产转变的重大飞跃，使人类进入了机械化时代。19世纪末至20世纪上半叶，电机和化工引发了第二次产业革命，使人类进入了电气化、核能、航空航天时代，极大提高了社会生产力和人类生活水平，缩小了国与国、地区与地区、人与人的空间和时间距离，地球变成了一个"村庄"。20世纪下半叶，信息技术引发了第三次产业革命，使社会生产和消费从工业化向自动化、智能化转变，社会生产力再次大提高，劳动生产率再次大飞跃。工程科技的每一次重大突破，都会催生社会生产力的深刻变革，都会推动人类文明迈向新的更高的台阶。

中华人民共和国成立以来，国家大力推进工程科技发展，建立起了独立的、比较完整的、有相当规模和较高技术水平的工业体系、农业体系、科学技术体系和国防体系，取得了一系列伟大的工程科技成就，为国家安全、经济发展、社会进步和民生改善提供了重要支撑，实现了向工业化、现代化的跨越发展。特别是改革开放以来，中国经济社会快速发展，其中工程科技创新驱动功不可没。而科学的水利工程管理更是催生了三峡工程、南水北调等一大批重大水利工程建设成功，大幅提升了中国的基础工业、制造业、新兴产业等领域的创新能力和水平，推动了完整工程科技体系的构建进程。同时推动了农业科技、人口健康、资源环境、公共安全、防灾减灾等领域工程科技发展，大幅提高了14亿多中国人的生活水平和质量。

二、水利工程对专业科技发展的推动作用

工程科技已经成为经济增长的主要动力，推动了基础工业、制造业、新兴产业的高速发展，支撑了一系列国家重大工程建设。科学的水利工程管理可以推动专业科技的发展。如三峡水利工程就发挥了巨大的综合作用，其超临界发电、水力发电等技术已达到世界先进水平。

改革开放后，我国经济社会发展取得了举世瞩目的成就，经济总量稳居世界第二，众多主要经济指标名列世界前列。中国的发展正处在关键的战略转折点，实现科学发展、转变经济发展方式刻不容缓。而这最根本的是要依靠科技力量，提高自主创新能力，实施创新驱动发展战略，把发展从依靠资源、投资、低成本等要素驱动转变到依靠科技进步和人力资源优势上来。而水利工程的特殊性决定了加强技术管理势在必行。水利工程的特殊性主要表现在两个方面，一方面，水利工程是我国各项基础建设中最为重要的基础项目，其关系到农业灌溉、社会生产正常用水以及整个社会的安定，如果不重视技术管理，极有可能埋下技术隐患，使得水利工程质量出现问题。另一方面，水利工程工程量大，施工中需

要多个工种的协调作业，而且工期长，施工中容易受到各种自然和社会因素的制约。另外，水利工程技术要求较高，施工中会出现一些意想不到的技术难题，如果不做好充分的技术准备，极有可能导致施工的停滞。正是基于水利工程的这种特殊性，才体现了科学的水利工程管理的重要性，其可为水利工程施工的顺利进行和高质量的完工奠定基础。具体说来，水利工程管理对专业科技发展的推动作用如下。

水利工程安全管理信息系统。水利工程管理工作推动现场自动采集系统、远程传输系统的开发研制以及中心站网络系统与综合数据库的建立及信息接收子系统、数据库管理子系统、安全评价子系统与信息服务子系统以及中央指挥站等的开发应用。

土石坝的养护与维修。土石坝所用材料是松散颗粒的，土粒间的连接强度低，抗剪能力小，颗粒间孔隙较大，因此易受到渗流、冲刷、沉降、冰冻、地震等的影响。在运用过程中常常会因渗流而产生渗透破坏和蓄水的大量损失。因沉降导致坝顶高程不够和产生裂缝；因抗剪能力小、边坡不够平缓、渗流等而产生滑坡；因土粒间连接力小，抗冲能力低，在风浪、降雨等作用下会造成坝坡的冲蚀、侵蚀和护坡的破坏，所以也不允许坝顶过水；因气温的剧烈变化会引起坝体土料冻胀和干缩等。故要求土石坝有稳定的坝身、合理的防渗体和排水体、坚固的护坡及适当的坝顶构造，并在运用过程中加强监测和维护。土石坝的各种破坏都有一定的发展过程，针对可能出现病害的形式和部位加强检查，如在病害发展初期能够及时发现，并采取措施进行处理和养护，防止轻微缺陷的进一步扩展和各种不利因素对土石坝的过大损害，保证土石坝的安全，延长土石坝的使用年限。在检查中，经常会用到槽探、井探及注水检查法；甚低频电磁检查法（工作频率为 15 ~ 35 千赫，发射功率为 20 ~ 1000 千瓦）；同位素检查法（同位素示踪测速法、同位素稀释法和同位素示踪吸附法）。

混凝土坝及浆砌石坝的养护与维修。混凝土坝和浆砌石坝主要靠重力维持稳定，其抗滑稳定往往是坝体安全的关键。当地基存在软弱夹层或缺陷，在设计和施工中又未及时发现和妥善处理时，往往会使坝体与地基抗滑稳定性不够，从而成为最危险的病害。此外，由于温度变化、应力过大或不均匀沉陷，都可能使坝体产生裂缝，并沿裂缝产生渗漏。水利部颁布的有关混凝土坝养护修理规程，围绕混凝土建筑物修补加固设立了大量的科研课题，有关新材料、新工艺和新技术得到开发应用，取得了良好的效果。水下修补加固技术方面，水下不分散混凝土在众多工程中成功应用，水下裂缝、伸缩缝修补成套技术已研制成功，水下高性能快速密封堵漏灌浆材料得到成功应用。大面积防渗补强新材料、新技术方面，聚合物水泥砂浆作为防渗、防腐、防冻材料得到大范围推广应用，喷射钢纤维混凝土大面积防渗取得成功，新型水泥基渗透结晶防水材料在水工混凝土的防渗修补中得到应用。

碾压混凝土及面板胶结堆石筑坝技术。对于碾压混凝土坝，涉及结构设计的改进、材料配比的研究、施工方法的改进、温控方法及施工质量控制。在水利工程管理中，需要做好面板胶结堆石坝，集料级配及掺入料配台比的试验；做好胶结堆石料的耐久性、坝体可能的破坏形态及安全准则、坝体及其材料的动力特性、高坝坝体变形特性及对上游防渗体系的影响分析。此外，水利工程抗震技术、地震反应及安全监测、震害调查、抗震设计以及抗震加固技术也不断得到应用。

堤防崩岸机理分析、预报及处理技术，水利工程管理需要对崩岸形成的地质资料及河流地质作用、崩岸变形破坏机理、崩岸稳定性、崩岸监测及预报技术、崩岸防治及施工技术、崩岸预警抢险应急技术及决策支持系统进行分析和研究。

深覆盖层堤坝地基渗流控制技术水利工程管理需要完善防渗体系、防渗效果检测技术，分析超深、超薄防渗墙防渗机理，开发质优价廉的新型防渗土工合成材料，开发适应大变形的高抗渗塑性混凝土。

水利工程老化及病险问题分析技术。在水利管理中，水利工程老化病害机理、堤防隐患探测技术与关键设备、病险堤坝安全评价与除险加固决策系统、堤坝渗流控制和加固关键技术、长效减压技术、堤坝防渗加固技术，已有堤坝防渗加固技术的完善与规范化都在推动专业工程科技中不断发展。

高边坡技术在水利工程管理中。高边坡技术包括高边坡工程力学模型破坏机理和岩石力学参数，高边坡研究中的岩石水力学，高边坡稳定分析及评价技术，高边坡加固技术及施工工艺，高边坡监测技术，以及高边坡反馈设计理论和方法。

新型材料及新型结构。水利新型材料涉及新型混凝土外加剂与掺和料、自排水模板、各种新型防护材料、各种水上和水下修补新材料、各种土工合成新材料，以及用于灌浆的超细水泥等。

水库管理。对工程进行维修养护，防止和延缓工程老化、库区淤积、自然和人为破坏，延长水库使用年限。及时掌握各种建筑物和设备的技术状况，了解水库实际蓄泄能力和有关河道的过水能力，收集水文气象资料的情报、预报以及防汛部门和各用水户的要求。要在库岸防护、水库控制运用、水库泥沙淤积的防治等方面进行技术推广与应用。

溢洪道的养护与维修。对于大多数水库来说，溢洪道泄洪机会不多，宣泄大流量洪水的机会则更少，有的几年甚至十几年才泄一次水。但是，由于还无法准确预报特大洪水的出现时间，故溢洪道每年都要做好宣泄最大洪水的预防和准备工作。溢洪道的泄洪能力主要取决于控制段能否通过设计流量，根据控制段的堰顶高程、溢流前缘总长、溢流时堰顶水头，用一般水力学的堰流或孔流公式进行复核，而且需要全面掌握准确的水库集水面积、库容、地形、地质条件和来水来沙量等基本资料。

水闸的养护与修理。水闸多数修建在软土地基上，是一种既挡水又泄水的低水头水工建筑物，因而它在抗滑稳定、防渗、消能防冲及沉陷等方面都有其自身的工作特点，当土工建筑物发生渗漏、管涌时，一般采用上游堵截渗漏，下游反滤导渗的方法进行及时处理，根据情况采用开挖回填或灌浆方法处理。

渠系输水建筑物的养护与修理。渠系建筑物属于渠系配套建筑物，承担灌区或城市供水的输配水任务，按照用途可分为控制建筑物、交叉建筑物、输水建筑物、泄水建筑物、量水建筑物、输水建筑物的输水流量、水位和流速常受水源条件、用水情况和渠系建筑物的状态会发生较大而频繁的变化，灌溉渠道行水与停水受季节和降雨影响显著，维护和管理要与此相适应。位于深水或地下的渠系建筑物，除要承受较大的山岩压力、渗透压力外、还要承受巨大的水头压力及高速水流的冲击作用。力在地面的建筑物又要经受温差作用、冻融作用、冻胀作用以及各种侵蚀作用，这些作用极易使建筑物发生破坏。此外，在一个工程中，渠系建筑物数量多，分布范围大，所处地形条件和水文地质条件复杂，受到自然破坏和人为破坏的因素会较多，且交通运输不便，维修施工不便，对工程科技的要求较高。

水利水电工程设备的维护。在水电站、泵站、水闸、倒虹、船闸等水利工程中均涉及一些相关设备，设备已成为水利工程的主要组成部分，对水利工程效益的发挥和安全运行起着至关重要的作用。一是金属结构设备维护，金属结构是用型钢材料，经焊铆等工艺方法加工而成的结构体，在水闸、引水等工程中被广泛采用，有挡水类、输水类、拦污类及其他钢结构类型。一般钢结构在运行中要受水的冲刷、冲击、侵蚀、气蚀、振荡以及较大的水头压力等作用。这就需要对锈蚀、润滑等进行处理，需要在涂料保护、金属保护、外加电流阴极保护与涂料保护联合等技术进行开发。

防汛抢险。江河堤防和水库坝体作为挡水设施，在运用过程中由于受外界条件变化的作用，自身也会发生相应结构的变化而形成缺陷。一到汛期，这些工程存在的隐患和缺陷都会暴露出来，一般险情主要有风浪冲击、洪水漫顶、散浸、陷坑、崩岸、管涌、漏洞、裂缝及堤坝溃决等。雨情、水情和枢纽水情的测报、预报准备等。包括测验设施和仪器、仪表的检修、校验，报汛传输系统的检修试机，水情自动测报系统的检查、测试，以及预报曲线图表、计算机软件程序、大屏幕显示系统与历史暴雨、洪水、工程变化对比资料准备等，为保证汛情测报系统运转灵活，需要为防洪调度提供准确、及时的测报、预报资料和数据。

地下工程。在水利工程管理中，需要进行复杂地质环境下大型地下洞室群岩体地质模型的建立及地质超前预报。例如，不均匀岩体围岩稳定力学模型及岩体力学作用，围岩结构关系，岩石力学参数确定及分析，强度及稳定性准则，应力场与渗流场的耦合，大型地下洞室群工程模型，洞室群布置优化，洞口边坡与洞室相互影响及其稳定性和变形破坏规律，地下洞室群施工顺序、施工技术优化，地下洞室围岩加固机理及效应，大型地下洞室群监测技术，隧洞盾构施工关键技术，岩爆的监测、预报及防治技术以及围岩大变形支护材料和控制技术。

三、科技运用对水利工程管理的推进作用

水利工程管理通过引进新技术、新设备，改造和替代现有设备，改善水利管理条件，加强自动监测系统建设，提高监测自动化程度，积极推进信息化建设，来提升监测、预报和决策的现代化水平。引进新技术、新设备是水利工程能长期稳定带来经济效益的有效途径。在原有资源基础上，不断改善运行环境，做到具有创新性且有可行性，从而提高工程整体的运营能力，是未来水利工程管理的要求。

20 世纪 80 年代以前，水利工程管理基本采用人工管理模式，即根据人们长期工作的实践经验，借助常规的工具、机电设施和普通的通信手段，采取人工观测、手工操作等工作方式，处理工程管理的各类图表绘制、数据计算和文字编辑，发布水情、工情调度指令和启闭调节各类工程建筑物。到 20 世纪 90 年代初期，通信、计算机技术在水利工程管理中开始得到初步应用，但也只是作为一般的辅助工具，主要用于通信联络、文字编辑、图表绘制和打印输出，最多做些简单的编程计算，通信、计算机等先进技术未能得到全面普及和应用，其技术特性和系统效益不能得以充分发挥。

随着现代通信和计算机等技术的迅猛发展以及水利信息化建设进程不断加快，水利工程管理开始由传统型的经验管理逐步转换为现代化管理。各级工程管理部门着手利用通信、计算机、程控交换、图文视讯和遥测遥控等现代技术，配置相应的硬、软件设施，先后建立通信传输、计算机网络、信息采集和视频监控等系统，实现水情、工情信息的实时采集，水工建筑物的自动控制，作业现场的远程监视，工程视讯异地会商及办公自动化等。具体来说，现代信息技术的应用对水利工程管理的推动作用如下。

物联网技术的应用。物联网技术是完成水利信息采集、传输以及处理的重要方法，也是我国水利信息化的标志。近几年来，伴随着物联网技术的日益发展，物联网技术在水利信息管理尤其是在水利资源建设中得到了广泛的应用并起到了决定性作用。截至目前，我国水利管理部已经完成了信息管理平台的构建和完善，用户想要查阅我国各地的水利信息，只要通过该平台就能完成。为了能够对基础水利信息动态实现实时把握，我国也加大了对基层水利管理部门的管理力度，给科学合理的决策提供了有效的信息资源。由于物联网具有快速传播的特点，水利管理部门对物联网水利信息管理系统的构建也不断加强。在水利管理服务中，物联网技术有以下两个作用，分别为在水利信息管理系统中的作用和对水利信息智能化处理作用。为了通过物联网对水利信息及时地掌握并制定有效措施，可以采用设置传感器节点以及 RFID 设备的方法，完成对水利信息的智能感应以及信息采集。所谓的智能处理，就是采用计算技术和数据利用对收集的信息进行处理，进而对水利信息加以管理和控制。气候变化、模拟出水资源的调度和市场发展等问题都可以采用云计算的方法，实现应用平台的构建和开发。水利工作视频会议、水利信息采集以及水利工程监控等工作

中物联网技术都得到了广泛的综合应用。

遥感技术的应用。其在水利信息管理中遥感技术也得到了广泛的应用。其获取信息原理就是通过地表物体反射电磁波和发射电磁波，实现对不同信息的采集。近几年，遥感技术也被广泛应用到防洪、水利工程管理和水行政执法中。遥感技术在防洪抗旱过程中，能够借助遥感系统平台实现对灾区的监测，发生洪灾后，人工无法测量出受灾面积，遥感技术能够对灾区受灾面积以及洪水持续时间进行预测，并反馈出具体灾情以及图像，为决策部门提供了有效的决策依据信息新技术的快速发展，遥感技术在水利信息管理中也有越来越重要的作用。在使用遥感技术获取数据时，还要求其他技术与其相结合，进行系统的对接，进而能够完成对水利信息数据的整合，充分体现了遥感技术集成化特点；遥感技术能够为水利工作者提供大量的数据，而且也能够根据数据制作图像。但是在使用遥感技术时，为了能够给决策者供应辅助决策，一定要对遥感系统进行专业化的模型分析，充分体现遥感技术数字模型化特点。为了能够对数据收集、数据交换以及数据分析等做出科学准确的预测，使用遥感技术时，要设定统一的标准要求，充分体现遥感技术的标准化特点。

GIS技术的应用。GIS技术在水利信息管理服务中对水利信息自动化的实现起到关键性作用，反映地理坐标是GIS技术最大的功能特点，由于其能够很好地反映水利资源所处的地形地貌等信息，因此对我国水利信息准确位置的确定起到了决定性作用。GIS技术可以在平台上将测站、水库以及水闸等水利信息进行专题信息展示；GIS技术也能够对综合水情预报、人口财产和受灾面积等进行准确的定量估算分析；GIS技术能够集成相关功能的模块及相关专业模型。其中集成功能模块主要包括数据库、信息服务以及图形库等功能性模块。集成相关专业模型包括水文预报、水库调度以及气象预报等。以上充分体现了GIS技术基础地理信息管理、水利专题信息展示、统计分析功能运用以及系统集成功能的作用。GIS技术在水利信息管理、水环境、防汛抗旱减灾、水资源管理以及水土保持等方面得到了广泛的应用，其应用范围也从原始的查询、检索和空间显示变成分析、决策、模拟以及预测。

GPS技术的应用。将GPS技术引入水利工程管理中去，会使水利工程的管理工作变得非常方便。卫星定位系统其作用就是准确定位，它是在计算机技术和空间技术的基础上发展而来的，卫星定位技术一般应用在抗洪抢险和防洪决策等水利信息管理工作中。卫星定位技术能够对发生险情的地理位置进行准确定位，进而给予灾区及时的救援。随着信息新技术的不断发展，卫星定位系统也与其他RS影像以及GIS平台等系统连接，进而被广泛应用到抗洪抢险中。采用该方法能够对灾区和险情进行准确定位，从而及时实施救援，延缓了灾情的持续发展，保障了灾区人民的生命安全。

水工程管理与工程科技发展二者是相互依赖、相互依存的。在工程管理中，不能离开工程科技而单独搞管理，因为工程科技是管理的继续和实施，任何一种管理都离不开实施，没有实施就没有效果，没有效果就等于管理失败。因此，离开工程科技，管理就不能进行。相反，也不能离开管理来单独搞技术，因为管理带动技术，技术只能通过管理才能发挥出来。没有管理做后盾，技术虽高也难以发挥，二者相互依存，缺一不可。随着水利工程在整个社会中重要性的逐渐突出，水利工程功能也要进一步拓展。这就使得水利工程的设计和施工技术要求也做出了相应的改变。水利施工必须与时俱进，要不断采用新技术、新设备，提高施工水平。相较传统的水利施工方式，现代化的水利施工更需要有强大的技术做支撑，科学的水利工程管理可推动专业科技的发展。

< PART TWO >

第二章

水利工程施工组织

第一节　施工项目管理

施工项目管理是施工企业对施工项目进行有效的掌控，主要特征包括：施工项目管理者是建筑施工企业，对施工项目全权负责；施工项目管理的对象是施工项目，具有时间控制性，也就是施工项目有运作周期（投标—竣工验收）；施工项目管理的内容是按阶段变化的。根据建设阶段及要求的变化，管理的内容具有很大的差异；施工项目管理要求强化组织协调工作，主要是强化项目管理班子，优选项目经理，科学地组织施工并运用现代化的管理方法。

在施工项目管理的全过程中，为了取得各阶段目标和最终目标的实现，在进行各项活动时，必须加强管理工作。

一、建立施工项目管理组织

（1）由企业采用适当的方式选聘称职的施工项目经理。

（2）根据施工项目组织原则，选用适当的组织形式，组建施工项目管理机构，明确责任、权利和义务。

（3）在遵守企业规章制度的前提下，根据施工项目管理的需要，制定施工项目管理制度。

项目经理作为企业法人代表的代理人，对工程项目施工全面负责，一般不得兼管其他工程，若其负责管理的施工项目临近竣工阶段且经建设单位同意，可以兼任另一项工程的项目管理工作。项目经理通常由企业法人代表委派或组织招聘等方式确定。项目经理与企业法人代表之间需要签订工程承包管理合同，明确工程的工期、质量、成本、利润等指标要求和双方的责、权、利以及合同中止处理、违约处罚等内容。

项目经理以及各有关业务人员的组成、人数根据工程规模大小而定。各成员由项目经理聘任或推荐确定，其中技术、经济、财务主要负责人需经企业法人代表或其授权部门同意。项目领导班子成员除了直接受项目经理领导，实施项目管理方案外，还要按照企业规章制度接受企业主管职能部门的业务监督和指导。

项目经理应有一定的职责，如贯彻执行国家和地方的法律、法规；严格遵守财经制度、加强成本核算；签订和履行"项目管理目标责任书"；对工程项目施工进行有效控制等。

项目经理应有一定的权力，如参与投标和签订施工合同；用人决策权；财务决策权；进度计划控制权；技术质量决定权；物资采购管理权；现场管理协调权等。项目经理还应获得一定的利益，如物质奖励及表彰等。

二、项目经理的地位

项目经理是项目管理实施阶段全面负责的管理者，在整个施工活动中有举足轻重的地位。确定施工项目经理的地位是搞好施工项目管理的关键。

（1）从企业内部看，项目经理是施工项目实施过程中所有工作的总负责人，是项目管理的第一责任人。从对外方面来看，项目经理代表企业法定代表人在授权范围内对建设单位直接负责。由此可见，项目经理既要对有关建设单位的成果性目标负责，又要对建筑业企业的效益性目标负责。

（2）项目经理是协调各方面关系，使之相互紧密协作与配合的桥梁与纽带。要承担合同责任、履行合同义务、执行合同条款、处理合同纠纷，其受法律的约束和保护。

（3）项目经理是各种信息的集散中心。通过各种方式和渠道收集有关的信息，并运用这些信息，达到控制的目的，使项目获得成功。

（4）项目经理是施工项目责、权、利的主体。这是因为项目经理是项目中人、财、物、技术、信息和管理等所有生产要素的管理人。项目经理首先是项目的责任主体，是实现项目目标的最高责任者。责任是实现项目经理责任制的核心，它构成了项目经理工作的压力，也是确定项目经理权力和利益的依据。其次，项目经理必须是项目的权力主体。权力是确保项目经理能够承担起责任的条件和手段。如果不具备必要的权力，项目经理就无法对工作负责。项目经理还必须是项目利益的主体。利益是项目经理工作的动力。如果没有一定的利益，项目经理就不愿负相应的责任，难以处理好国家、企业和职工的利益关系。

三、项目经理的任职要求

项目经理的任职要求包括执业资格的要求、知识方面的要求、能力方面的要求和素质方面的要求。

（一）执业资格的要求

项目经理要经过有关部门培训、考核和注册，获得《全国建筑施工企业项目经理培训合格证》或《建筑施工企业项目经理资质证书》才能上岗。

项目经理的资质分为一、二、三、四级。

（1）一级项目经理应担任过一个一级建筑施工企业资质标准要求的工程项目，或两个二级建筑施工企业资质标准要求的工程项目施工管理工作的主要负责人，并已取得国家认可的高级或者中级专业技术职称。

（2）二级项目经理应担任过两个工程项目，其中至少一个为二级建筑施工企业资质标准要求的工程项目施工管理工作的主要负责人，并已取得国家认可的中级或初级专业技术职称。

（3）三级项目经理应担任过两个工程项目，其中至少一个为三级建筑施工企业资质标准要求的工程项目施工管理工作的主要负责人，并已取得国家认可的中级或初级专业技术职称。

（4）四级项目经理应担任过两个工程项目，其中至少一个为四级建筑施工企业资质标准要求的工程项目施工管理工作的主要负责人，并已取得国家认可的初级专业技术职称。

项目经理承担的工程规模应符合相应的项目经理资质等级。一级项目经理可承担一级资质建筑施工企业营业范围内的工程项目管理；二级项目经理可承担二级以下（含二级）建筑施工企业营业范围内的工程项目管理；三级项目经理可承担三级以下（含三级）建筑企业营业范围内的工程项目管理；四级项目经理可承担四级建筑施工企业营业范围内的工程项目管理。

项目经理每两年接受一次项目资质管理部门的复查。项目经理达到上一个资质等级条件的，可随时提出升级的要求。

（二）知识方面的要求

通常项目经理应接受过大专、中专以上相关专业的教育，必须具备专业知识，如土木工程专业或其他专业工程方面的专业，一般应是某个专业工程方面的专家，否则很难被人们接受或很难开展工作。项目经理还应受过项目管理方面的专门培训或再教育，掌握项目管理的知识。作为项目经理需要的广博知识，能迅速解决工程项目实施过程中遇到的各种问题。

（三）能力方面的要求

项目经理应具备以下几方面的能力。

（1）必须具有一定的施工实践经历和按规定经过一段实践锻炼，特别是对同类项目有成功的经历。对项目工作有成熟的判断能力、思维能力和随机应变的能力。

（2）具有很强的沟通能力、激励能力和处理人事关系的能力，项目经理要靠领导艺术、影响力和说服力而不是靠权力和命令行事。

（3）有较强的组织管理能力和协调能力。能协调好各方面的关系，能处理好与业主的关系。

（4）有较强的语言表达能力，有谈判技巧。

（5）在工作中能发现问题，提出问题，能够从容地处理紧急情况。

（四）素质方面的要求

（1）项目经理应注重工程项目对社会的贡献和历史作用。在工作中能注重社会公德，保证社会的利益，严守法律和规章制度。

（2）项目经理必须具有良好的职业道德，将用户的利益放在第一位，不谋私利，必须有工作的积极性、热情和敬业精神。

（3）具有创新精神，务实的态度，勇于挑战，勇于决策，勇于承担责任和风险。

（4）敢于承担责任，特别是有敢于承担错误的勇气，言行一致，正直，办事公正、公平，实事求是。

（5）能承担艰苦的工作，任劳任怨，忠于职守。

（6）具有合作的精神，能与他人共事，具有较强的自我控制能力。

四、项目经理的责、权、利

（一）项目经理的职责

（1）贯彻执行国家和地方政府的法律制度，维护企业的整体利益和经济利益。法规和政策，执行建筑业企业的各项管理制度。

（2）严格遵守财经制度，加强成本核算，积极组织工程款回收，正确处理国家、企业和项目及单位个人的利益关系。

（3）签订和组织履行"项目管理目标责任书"，执行企业与业主签订的"项目承包合同"中由项目经理负责履行的各项条款。

（4）对工程项目施工进行有效控制，执行有关技术规范和标准，积极推广应用新技术、新工艺、新材料和项目管理软件集成系统，确保工程质量和工期，实现安全、文明生产，努力提高经济效益。

（5）组织编制施工管理规划及目标实施措施，组织编制施工组织设计并实施之。

（6）根据项目总工期的要求编制年度进度计划，组织编制施工季（月）度施工计划，包括劳动力、材料、构件及机械设备的使用计划，签订分包及租赁合同并对其严格执行。

（7）组织制定项目经理部各类管理人员的职责和权限、各项管理制度，并认真贯彻执行。

（8）科学地组织施工和加强各项管理工作。做好内、外各种关系的协调，为施工创造优越的施工条件。

（9）做好工程竣工结算，资料整理归档，接受企业审计并做好项目经理部解体与善后工作。

（二）项目经理的权力

为了保证项目经理完成所担负的任务，必须授予其相应的权力。项目经理应当有以下权力。

（1）参与企业进行施工项目的投标和签订施工合同。

（2）用人决策权。项目经理应有权决定项目管理机构班子的设置，选择、聘任班子内成员，对任职情况进行考核监督、奖惩，乃至辞退。

（3）财务决策权。在企业财务制度规定的范围内，根据企业法定代表人的授权和施工项目管理的需要，决定资金的投入和使用，决定项目经理部的计酬方法。

（4）进度计划控制权。根据项目进度总目标和阶段性目标的要求，对项目建设的进度进行检查、调整，并在资源上进行调配，从而对进度计划进行有效的控制。

（5）技术质量决策权。根据项目管理实施规划或施工组织设计，有权批准重大技术方案和重大技术措施，必要时召开技术方案论证会，把好技术决策关和质量关，防止技术上决策失误，主持处理重大质量事故。

（6）物资采购管理权。按照企业物资分类和分工，对采购方案、目标、到货要求，以及对供货单位的选择、项目现场存放策略等进行决策和管理。

（7）现场管理协权。代表公司协调与施工项目有关的内外部关系，有权处理现场突发事件，事后及时上报公司主管部门。

（三）项目经理的利益

施工项目经理最终的利益是其行使权力和承担责任的结果，也是市场经济条件下责、权、利、效相互统一的具体体现。项目经理应享有以下的利益。

（1）获得基本工资、岗位工资和绩效工资。

（2）在全面完成"项目管理目标责任书"确定的各项责任目标，交工验收交结算后，接受企业考核和审计，在获得规定的物质奖励外，还可获得表彰、记功、优秀项目经理等荣誉称号和其他精神奖励。

（3）经考核和审计，未完成"项目管理目标责任书"确定的责任目标或造成亏损的，按有关条款承担责任，并接受经济或行政处罚。

项目经理责任制是指以项目经理为主体的施工项目管理目标责任制度，用以确保项目履约，用以确立项目经理部与企业、职工三者之间的责、权、利关系。项目经理开始工作之前由建筑业企业法人或其授权人与项目经理协商，编制"项目管理目标责任书"，双方签字后生效。

项目经理责任制是以施工项目为对象，以项目经理全面负责为前提，以"项目管理目标责任书"为依据，以创优质工程为目标，以求得项目的最佳经济效益为目的，实行的一次性、全过程的管理。

五、项目经理责任制的特点

（一）项目经理责任制的作用

实行项目管理必须实现项目经理责任制。项目经理责任制是完成建设单位和国家对建筑业企业要求的最终落脚点。因此，必须规范项目管理，强化建立项目经理全面组织生产诸要素优化配置的责任、权力、利益和风险机制，会更有利于对施工项目、工期、质量、成本、安全等各项目标实施强有力的管理，使项目经理有动力和压力，也有法律依据。

项目经理责任制的作用如下。

（1）明确项目经理与企业和职工三者之间的责、权、利、效关系。

（2）有利于运用经济手段强化对施工项目的法制管理。

（3）有利于项目规范化、科学化管理和提高产品质量。

（4）有利于促进和提高企业项目管理的经济效益和社会效益。

（二）项目经理责任制的特点

（1）对象终一性。以工程施工项目为对象，实行施工全过程的全面一次性负责。

（2）主体直接性。在项目经理负责的前提下，实行全员管理，指标考核、标价分离、项目核算，确保上缴集约增效、超额奖励的复合型指标责任制。

（3）内容全面性。根据先进、合理、可行的原则，以保证工程质量、缩短工期、降低成本、保证安全和文明施工等各项指标为内容的全过程的目标责任制。

（4）责任风险性。项目经理责任制充分体现了"指标突出、责任明确、利益直接、考核严格"的基本要求。

六、项目经理责任制的原则和条件

（一）项目经理责任制的原则

实行项目经理责任制有以下原则。

1. 实事求是

实事求是的原则就是从实际出发，做到具有先进性、合理性、可行性。不同的工程和不同的施工条件，其承担的技术经济指标不同，不同职称的人员实行不同的岗位责任，不追求形式。

2. 兼顾企业、责任者、职工三者的利益

企业的利益放在首位，维护责任者和职工个人的正当利益，避免人为的分配不公，切实贯彻按劳分配、多劳多得的原则。

3. 责、权、利、效统一

尽到责任是项目经理责任制的目标，以"责"授"权"、以"权"保"责"，以"利"激励尽"责"。"效"是经济效益和社会效益，是考核尽"责"水平的尺度。

4. 重在管理

项目经理责任制必须强调管理的重要性。因为承担责任是手段，效益是目的，管理是动力。没有强有力的管理，"效益"不易实现。

（二）项目经理责任制的条件

实施项目经理责任制应具备下列条件。

（1）工程任务落实、开工手续齐全、有切实可行的施工组织设计。

（2）各种工程技术资料齐全、劳动力及施工设施已配备，主要原材料已落实并能按计划提供。

（3）有一个懂技术、会管理、敢负责的人才组成的精干、得力、高效的项目管理班子。

（4）赋予项目经理足够的权力，并明确其利益。

（5）企业的管理层与劳务作业层分开。

七、项目管理目标责任书

在项目经理开始工作之前，由建筑业企业法定代表人或其授权人与项目经理协商，制定"项目管理目标责任书"，双方签字后生效。

（一）编制项目管理目标责任书的依据

（1）项目的合同文件。

（2）企业的项目管理制度。

（3）项目管理规划大纲。

（4）建筑业企业的经营方针和目标。

（二）项目管理目标责任书的内容

（1）项目的进度、质量、成本、职业健康安全与环境目标。

（2）企业管理层与项目经理部之间的责任、权利和利益分配。

（3）项目需用的人力、材料、机械设备和其他资源的供应方式。

（4）法定代表人向项目经理委托的特殊事项。

（5）项目经理部应承担的风险。

（6）企业管理层对项目经理部进行奖惩的依据、标准和方法。

（7）项目经理解职和项目经理部解体的条件及办法。

八、项目经理部的作用

项目经理部是施工项目管理的工作班子，置于项目经理的领导之下。在施工项目管理中有以下作用。

（1）项目经理部在项目经理的领导下，作为项目管理的组织机构，负责施工项目从开工到竣工的全过程。施工生产的管理，是企业在某一工程项目上的管理层，同时对作业层负有管理与服务的双重职能。

（2）项目经理部是项目经理的办事机构，为项目经理决策提供信息依据，当好参谋。同时要执行项目经理的决策意图，向项目经理负责。

（3）项目经理部是一个组织体，其作用是完成企业所赋予的基本任务——项目管理与专业管理等。项目经理部要具有凝聚管理人员的力量并调动其积极性，促进管理人员的合作；协调部门之间、管理人员之间的关系，发挥每个人的岗位作用；贯彻项目经理责任制，搞好管理；做好项目与企业各部门之间、项目经理部与作业队之间、项目经理部与建设单位、分包单位、材料和构件供方等的信息沟通。

（4）项目经理部是代表企业履行工程承包合同的主体，对项目产品和业主全面、全过程负责；通过履行合同主体与管理实体地位的影响力，使每个项目经理部成为市场竞争的成员。

九、项目经理部建立原则

（1）要根据所选择的项目组织形式设置项目经理部。不同的组织形式对施工项目管理部的管理力量和管理职责提出了不同的要求，同时也提供了不同的管理环境。

（2）要根据施工项目的规模、复杂程度和专业特点设置项目经理部。项目经理部规模大、中、小的不同，职能部门的设置相应不同。

（3）项目经理部是一个弹性的、一次性的管理组织，应随工程任务的变化而进行调整。

工程交工后项目经理部应解体，不应有固定的施工设备及固定的作业队伍。

（4）项目经理部的人员配置应面向施工现场，满足施工现场的计划与调度、技术与质量、成本与核算、劳务与物资、安全与文明施工的需要，而不应设置研究与发展、政工与人事等与项目施工关系较少的非生产性管理部门。

（5）应建立有益于组织运转的管理制度。

十、项目经理部的机构设置

项目经理部的部门设置和人员的配置与施工项目的规模和项目的类型有关，要满足施工全过程的项目管理需要，成为全体履行合同的主体。

项目经理部一般应建立工程技术部、质量安全部、生产经营部、物资（采购）部及综合办公室等。复杂及大型的项目还可设机电部。项目经理部人员由项目经理、生产或经营副经理、总工程师及各部门负责人组成。管理人员持证上岗。一级项目部由 30 ~ 45 人组成，二级项目部由 20 ~ 30 人组成，三级项目部由 10 ~ 20 人组成，四级项目部由 5 ~ 10 人组成。

项目经理部的人员实行一职多岗、一专多能。全部岗位职责覆盖项目施工全过程的管理，不留死角，以避免职责重叠交叉，同时实行动态管理，根据工程的进展程度，调整项目的人员组成。

十一、项目经理部的管理制度

项目经理部管理制度应包括以下各项。

（1）项目管理人员岗位责任制度。

（2）项目技术管理制度。

（3）项目质量管理制度。

（4）项目安全管理制度。

（5）项目计划、统计与进度管理制度。

（6）项目成本核算制度。

（7）项目材料、机械设备管理制度。

（8）项目现场管理制度。

（9）项目分配与奖励制度。

（10）项目例会及施工日志制度。

（11）项目分包及劳务管理制度。

（12）项目组织协调制度。

（13）项目信息管理制度。

项目经理部自行制定的管理制度应与企业现行的有关规定保持一致。如项目部根据工程的特点、环境等实际内容，在明确适用条件、范围和时间后自行制定的管理制度，有利于项目目标的完成，可作为例外批准执行。项目经理部自行制定的管理制度与企业现行的有关规定不一致时，应报送企业或其授权的职能部门批准。

十二、项目经理部的建立步骤和运行

（一）项目经理部设立的步骤

（1）根据企业批准的"项目管理规划大纲"，确定项目经理部的管理任务和组织形式。

（2）确定项目经理部的层次；设立职能部门与工作岗位。

（3）确定人员、职责、权限。

（4）由项目经理根据"项目管理目标责任书"进行目标分解。

（5）组织有关人员制定规章制度和目标责任考核、奖惩制度。

（二）项目经理部的运行

（1）项目经理应组织项目经理部成员学习项目的规章制度，检查执行情况和效果，并应根据反馈信息改进管理。

（2）项目经理应根据项目管理人员岗位责任制度对管理人员的责任目标进行检查、考核和奖惩。

（3）项目经理部应对作业队伍和分包人实行合同管理，并应加强控制与协调。

（4）项目经理部解体应具备下列条件。

　　①工程已竣工验收。

　　②与各分包单位已经结算完毕。

　　③已协助企业管理层与发包人签订了"工程质量保修书"。

　　④"项目管理目标责任书"已经履行完成，经企业管理层审计合格。

　　⑤已与企业管理层办理了有关手续。

　　⑥现场最后清理完毕。

十三、编制施工项目管理规划

施工项目管理规划是对施工项目管理目标、组织、内容、方法、步骤、重点进行预测和决策，做出具体安排的纲领性文件。施工项目管理规划的内容主要如下。

（1）进行工程项目分解，形成施工对象分解体系，以便确定阶段控制目标，从局部到整体地进行施工活动和施工项目管理。

（2）建立施工项目管理工作体系，绘制施工项目管理工作体系图和施工项目管理工作信息流程图。

（3）编制施工管理规划，确定管理点，形成施工组织设计文件，以利于执行。现阶段这个文件便以施工组织设计代替。

十四、进行施工项目的目标控制

施工项目的目标有阶段性目标和最终目标。实现各项目标是施工项目管理的目的所在，因此应当坚持以控制论理论为指导，进行全过程的科学控制。施工项目的控制目标包括进度控制目标、质量控制目标、成本控制目标、安全控制目标和施工现场控制目标。

在施工项目目标控制的过程中，会不断受到各种客观因素的干扰，各种风险因素随时可能发生，故应通过组织协调和风险管理，对施工项目目标进行动态控制。

十五、对施工项目的生产要素进行优化配置和动态管理

施工项目的生产要素是施工项目目标得以实现的保证，主要包括劳动力资源、材料、设备、资金和技术（即 5M）。生产要素管理的内容如下。

（1）分析各项生产要素的特点。

（2）按照一定的原则、方法对施工项目生产要素进行优化配置，并对配置状况进行评价。

（3）对施工项目各项生产要素进行动态管理。

十六、施工项目的合同管理

由于施工项目管理是在市场条件下进行的特殊交易活动的管理，这种交易活动从投标开始，持续于项目实施的全过程，因此，必须依法签订合同。合同管理的好坏直接关系到项目管理及工程施工技术经济效果和目标的实现与否，因此，要严格执行合同条款约定，进行履约经营，保证工程项目顺利进行。合同管理势必涉及国内和国际上有关法规和合同文本、合同条件，在合同管理中应予以高度重视。为了取得更多的经济效益，还必须重视索赔，研究索赔方法、策略和技巧。

十七、施工项目的信息管理

项目信息管理旨在适应项目管理的需要，为预测未来和正确决策提供依据，提高管理水平。项目经理部应建立项目信息管理系统，优化信息结构，实现项目管理信息化。项目信息包括项目经理部在项目管理过程中形成的各种数据、表格、图纸、文字、音像资料等。

项目经理部应负责收集、整理、管理本项目范围内的信息。项目信息收集应随工程的进展进行，保证真实、准确。

施工项目管理是一项复杂的现代化管理活动，要依靠大量信息及对大量信息进行管理。进行施工项目管理和施工项目目标控制、动态管理，必须依靠计算机项目信息管理系统，获得项目管理所需要的大量信息，并使信息资源共享。另外要注意信息的收集与储存，使本项目的经验和教训得到记录和保留，为以后的项目管理提供必要的资料。

十八、组织协调

组织协调是指以一定的组织形式、手段和方法，对项目管理中产生的关系不畅进行疏通，对产生的干扰和障碍进行排出的活动。

（1）协调要依托一定的组织、形式的手段。

（2）协调要有处理突发事件的机制和应变能力。

（3）协调要为控制服务，协调与控制的目的，都是保证目标实现。

第二节　建设项目管理模式

建设项目管理模式对项目的规划、控制、协调起着重要的作用。不同的管理模式有不同的管理特点。目前国内外较为常用的建设工程项目管理模式有：工程建设指挥部模式、传统管理模式、建筑工程管理模式（CM 模式）、设计—采购—建造（EPC）交钥匙模式、BOT（建造—运营—移交）模式、设计—管理模式、管理承包模式、项目管理模式、更替型合同模式（NC 模式）。其中工程建设指挥部模式是我国计划经济时期最常采用的模式，在今天的市场经济条件下，仍有相当一部分建设工程项目采用这种模式。国际上通常采用的模式是后面的八大管理模式，在八大管理模式中，最常采用的是传统管理模式，世界银行、亚洲开发银行以及国际其他金融组织贷款的建设工程项目，包括采用国际惯例FIDIC（国际咨询工程师联合会）合同条件的建设工程项目均采用这种模式。

一、工程建设指挥部模式

工程建设指挥部是我国计划经济体制下，大中型基本建设项目管理所采用的一种模式。它主要是通过政府派出机构的形式对建设项目的实施进行管理和监督，依靠的是指挥部领导的权威和行政手段，因而在行使建设单位的职能时有较大的权威性，决策、指挥直接有效。尤其是能够有效地解决征地、拆迁等外部协调难题，以及在建设工期要求紧迫的情况下，能够迅速集中力量，加快工程建设进度。但工程建设指挥部模式采用纯行政手段来管理技能管理活动，存在着以下弊端。

（一）工程建设指挥部缺乏明确的经济责任

工程建设指挥部不是独立的经济实体，缺乏明确的经济责任。政府对工程建设指挥部没有严格、科学的经济约束，指挥部拥有投资建设管理权，却对投资的使用和回收不承担任何责任。也就是说，作为管理决策者行使权力，却不承担决策风险。

（二）管理水平低，投资效益难以保证

工程建设指挥部中的专业管理人员是从本行业相关单位抽调并临时组成的团队，应具备的专业人员素质难以保障。而当他们在工程建设过程中积累了一定经验之后，又随着工程项目的建成而转入其他工程岗位。以后即使是再建设新项目，也要重新组建工程建设指挥部。综上，导致工程建设的管理水平难以提高。

（三）忽视了管理的规划和决策职能

工程建设指挥部采用行政管理手段，甚至采用军事作战的方式来管理工程建设，而不善于利用经济的方式和手段。它着重于工程的实现，而忽视了工程建设投资、进度、质量三大目标之间的对立统一关系。它努力追求工程建设的进度目标，却往往不顾投资效益和对工程质量的影响。

由于这种传统的建设项目管理模式自身的先天不足，使得我国工程建设的管理水平和投资效益长期得不到提高，建设投资和质量目标的失控现象也在许多工程中存在。随着我国社会主义市场经济体制的建立和完善，这种管理模式将逐步被项目法人责任制替代。

二、传统管理模式

传统管理模式又称为通用管理模式。采用这种管理模式，业主通过竞争性招标将工程施工的任务发包给或委托给报价合理和最具有履约能力的承包商或工程咨询、工程监理单位，并且业主与承包商、工程师签订专业合同。承包商还可以与分包商签订分包合同。涉及材料设备采购的，承包商还可以与供应商签订材料设备采购合同。

这种模式形成于19世纪，目前仍然是国际上最为通用的模式，世界银行贷款、亚洲开发银行贷款项目和采用国际咨询工程师联合会（FIDIC）的合同条件的项目均采用这种模式。

传统管理模式的优点是：由于应用广泛，因而管理方法成熟，各方对有关程序比较熟悉；可自由选择设计人员，对设计进行完全控制；标准化的合同关系；可自由选择咨询人

员；采用竞争性投标。

传统管理模式的缺点是：项目周期长，业主的管理费用较高；索赔和变更的费用较高；在明确整个项目的成本之前投入较大。此外，由于承包商无法参与设计阶段的工作，设计的"可施工性"较差，当出现重大的工程变更时，往往会降低施工的效率，甚至造成工期延误等。

三、建筑工程管理模式（CM 模式）

采用建筑工程管理模式，是以项目经理为特征的工程项目管理方式，是从项目开始阶段就由具有设计、施工经验的咨询人员参与到项目实施过程中来，以便为项目的设计、施工等方面提供建议。为此，又称为"管理咨询方式"。

建筑工程管理模式的特点，与传统的管理模式相比较，具有的优点主要有以下几个方面。

（一）设计深度到位

由于承包商在项目初期（设计阶段）就任命了项目经理，他可以在此阶段充分发挥自己的施工经验和管理技能，协同设计班子的其他专业人员一起做好设计，提高设计质量，为此，其设计的"可施工性"好，有利于提高施工效率。

（二）缩短建设周期

由于设计和施工可以平行作业，并且设计未结束便可以开始招标投标，这使设计施工等环节得到了合理搭接，可以节省时间，缩短工期，进而可提前运营，提高投资效益。

四、设计—采购—建造（EPC）交钥匙模式

EPC 模式是从设计开始，经过招标，委托一家工程公司对"设计—采购—建造"进行总承包，采用固定总价或可调总价合同方式。

EPC 模式的优点是：有利于实现设计、采购、施工各阶段的合理交叉和融合，提高效率，降低成本，节约资金和时间。

EPC 模式的缺点是：承包商要承担大部分风险，为减少双方风险，一般均在基础工程设计完成、主要技术和主要设备均已确定的情况下进行承包。

五、BOT 模式

BOT 模式即建造—运营—移交模式，它是指东道国政府开放本国基础设施建设和运营

市场，吸收国外资金、本国私人或公司资金，授给项目公司特许权，由该公司负责融资和组织建设，建成后负责运营及偿还贷款。在特许期满时将工程移交给东道国政府。

BOT 模式作为一种私人融资方式，其优点是：可以开辟新的公共项目资金渠道，弥补政府资金的不足，吸收更多投资者；减轻政府财政负担和国际债务，优化项目，降低成本；减少政府管理项目的负担；扩大地方政府的资金来源，引进外国的先进技术和管理，转移风险。

BOT 模式的缺点是：建造的规模比较大，技术难题多，时间长，投资高。东道国政府承担的风险大，较难确定回报率及政府应给予的支持程度，政府对项目的监督、控制难以保证。

六、国际采用的其他管理模式

（一）设计—管理模式

设计—管理合同通常是指一种类似 CM 模式但较其更为复杂的，由同一实体向业主提供设计和施工管理服务的工程管理方式，在通常的 CM 模式中，业主分别就设计和专业施工过程管理服务签订合同。采用设计—管理合同时，业主只签订一份既包括设计也包括类似 CM 服务在内的合同。在这种情况下，设计师与管理机构是同一实体。这一实体常常是设计机构与施工管理企业的联合体。

设计—管理模式的实现可以有两种形式：一是业主与设计—管理公司和施工总承包商分别签订合同，由设计—管理公司负责设计并对项目实施进行管理；另一种形式是业主只与设计—管理公司签订合同，由设计公司分别与各个单独的承包商和供应商签订分包合同，由他们施工和供货。这种方式看作 CM 与设计—建造两种模式相结合的产物，这种方式也常常对承包商采用阶段发包方式以加快工程进度。

（二）管理承包模式

业主可以直接找一家公司进行管理承包，管理承包商与业主的专业咨询顾问（如建筑师、工程师、测量师等）进行密切合作，对工程进行计划管理、协调和控制。工程的实际施工由各个承包商承担。承包商负责设备采购、工程施工以及对分包商的管理。

（三）项目管理模式

目前许多工程日益复杂，特别是当一个业主在同一时间内有多个工程处于不同阶段实施时，所需执行的多种职能超出了建筑师以往主要承担的设计、联络和检查范围，这就需要项目经理。项目经理的主要任务是自始至终对一个项目负责，这可能包括项目任务书的编制，预算控制，法律与行政障碍的排除，土地资金的筹集，还要使设计者、计量工程师、结构、设备工程师和总承包商的工作协调地、分阶段地进行。在适当的时候引入指定分包商的合同，能够使业主委托的工作顺利进行。

（四）更替型合同模式（NC 模式）

NC 模式是一种新的项目管理模式，即用一种新合同更替原有合同，而二者之间又有密不可分的联系。业主在项目实施初期委托某一设计咨询公司进行项目的初步设计，当这一部分工作完成（一般达到全部设计要求的30% ~ 80%）时，业主可开始招标选择承包商，承包商与业主签约时承担全部未完成的设计与施工工作，由承包商与原设计咨询公司签订设计合同，完成后一部分设计。设计咨询公司成为设计分包商，对承包商负责，由承包商对设计进行支付。

这种方式的主要优点是：既可以保证业主对项目的总体要求，又可以保持设计工作的连贯性，还可以在施工详图设计阶段吸取承包商的施工经验，有利于加快工程进度、提高施工质量，还可以减少施工中设计的变更，由承包商更多地承担这一实施期间的风险管理，为业主方减轻了风险，后一阶段由承包商承担了全部设计建造责任，合同管理也比较容易操作。采用 NC 模式，业主方必须在前期对项目有一个周密的考虑，因为设计合同转移后，变更就会比较困难。此外，在新旧设计合同更替过程中要细心考虑责任和风险的重新分配，以免引起纠纷。

第三节 水利工程建设程序与施工组织

一、水利工程建设程序

水利水电工程的建设周期长，施工场面布置复杂，投资金额巨大，对国民经济的影响不容忽视。工程建设必须遵守合理的建设程序，才能顺利地按时完成工程建设任务，并且节省投资。

在计划经济时代，水利水电工程建设一直沿用自建自营模式。在国家总体计划安排下，建设任务由上级主管单位下达，建设资金由国家拨款。建设单位一般是上级主管单位、已建水电站、施工单位和其他相关部门抽调的工程技术人员和工程管理人员临时组建的工程筹备处或工程建设指挥部。在条块分割的计划经济体制下，工程建设指挥部除了负责工程建设外，还要平衡和协调各相关单位的关系和利益。工程建成后，工程建设指挥部解散。其中一部分人员转变为水电站运行管理人员，其余人员重新回到原单位。这种体制形成于新中国成立初期。那时候国家经济实力薄弱，建筑材料匮乏，技术人员稀缺。集中财力、物力、人力于国家重点工程，对于新中国成立后的经济恢复和繁荣起到了重要作用。随着国民经济的发展和经济体制的转型，原有的这种建设管理模式已经不能适应国民经济的迅速发展，甚至严重地阻碍了国民经济的健康发展。经过10多年的改革，我国终于在20世纪90年代后期初步建立了既符合社会主义市场经济运行机制，又与国际惯例接轨的新型建设管理体系。在这个体系中，形成了项目法人责任制、投标招标制和建设监理制三项基本制度。在国家宏观调控下，建立了以项目法人责任制为主体，以咨询、科研、设计、监理、施工、物供为服务、承包体系的建设项目管理体制。投资主体可以是国资，也可以是民营或合资，充分调动各方的积极性。

项目法人的主要职责是：负责组建项目法人在现场的管理机构；负责落实工程建设计划和资金进行管理、检查和监督；负责协调与项目相关的对外关系。工程项目实行招标投标，将建设单位和设计、施工企业推向市场，达到公平交易、平等竞争。通过优胜劣汰，优化社会资源，提高工程质量，节省工程投资。建设监理制度是借鉴国际上通行的工程管理模式。监理为业主提供费用控制、质量控制、合同管理、信息管理、组织协调等服务。在业主授权下，监理对工程参与者进行监督、指导、协调，使工程在法律、法规和合同的框架内进行。

水利工程建设程序一般分为项目建议书、可行性研究、初步设计、施工准备（包括投标设计）、建设实施、生产准备、竣工验收、后评价等阶段。根据国民经济总体要求，项目建议书在流域规划的基础上，提出工程开发的目标和任务，论证工程开发的必要性。可行性研究阶段，对工程进行全面勘测、设计，进行多方案比较，提出工程投资估算，对工程项目在技术上是否可行和经济上是否合理进行科学的论证和分析，提出可行性研究报告。项目评估由上级组织的专家组进行，全面评估项目的可行性和合理性。项目立项后，按顺序进行初步设计、技术设计（招标设计）和技施设计，并进行主体工程的实施。工程建成后经过试运行，即可投产运行。

二、施工方案、设备的确定

在施工工程的组织设计方案研究中，施工方案的确定和设备及劳动力组合的安排和规划是重要的内容。

（一）施工方案选择原则

在具体施工项目的方案确定时，需要遵循以下几条原则。

（1）确定施工方案时尽量选择施工总工期时间短、项目工程辅助工程量小、施工附加工程量小、施工成本低的方案。

（2）确定施工方案时尽量选择先后顺序工作之间、土建工程和机电安装之间、各项程序之间互相干扰小、协调均衡的方案。

（3）确定施工方案时要确保施工方案选择的技术先进、可靠。

（4）确定施工方案时着重考虑施工强度和施工资源等因素，保证施工设备、施工材料、劳动力等需求之间处于均衡状态。

（二）施工设备及劳动力组合选择原则

在确定劳动力组合的具体安排以及施工设备的选择上，施工单位要尽量遵循以下几条原则。

1. 施工设备选择原则

施工单位在选择和确定施工设备时要注意遵循以下原则。

（1）施工设备尽可能地符合施工场地条件，符合施工设计和要求，并能保证施工项目保质保量地完成。

（2）施工项目工程设备要具备机动、灵活、可调节的性质，并且在使用过程中能达到高效低耗的效果。

（3）施工单位要事先进行市场调查，以各单项工程的工程量、工程强度、施工方案等为依据，确定合适的配套设备。

（4）尽量选择通用性强，可以在施工项目的不同阶段和不同工程活动中反复使用的设备。

（5）应选择价格较低，容易获得零部件的设备，尽量保证设备便于维护、维修、保养。

2. 劳动力组合选择原则

施工单位在选择和确定劳动力组合时要注意遵循以下原则。

（1）劳动力组合要保证生产能力可以满足施工强度要求。

（2）施工单位需要事先进行调查研究，确保劳动力组合满足各个单项工程的工程量和施工强度。

（3）在选择配套设备的基础上，要按照工作面、工作班制、施工方案等确定最合理的劳动力组合，混合劳动力工种，实现劳动力组合的最优化。

二、主体工程施工方案

水利工程涉及多个工种，其中主体工程施工主要包括地基处理、混凝土施工、碾压式土石坝施工等。而各项主体施工还包括多项具体工程项目。这里重点研究在进行混凝土施工和碾压式土石坝施工时，施工组织设计方案的选择应遵循的原则。

（一）混凝土施工方案选择原则

混凝土施工方案选择主要包括混凝土主体施工方案选择、浇筑设备确定、模板选择、坝体选择等内容。

1. 混凝土主体施工方案选择原则

在进行混凝土主体施工方案确定时，施工单位应该注意以下几部分的原则。

（1）混凝土施工过程中，生产、运输、浇筑等环节要保证衔接的顺畅和合理。

（2）混凝土施工的机械化程度要符合施工项目的实际需求，保证施工项目按质按量完成，并且能在一定程度上促进工程工期和进度的加快。

（3）混凝土施工方案要保证施工技术先进，设备配套合理，生产效率高。

（4）混凝土施工方案要保证混凝土可以得到连续生产，并且在运输过程中尽可能减少中转环节，缩短运输距离，保证温控措施可控、简便。

（5）混凝土施工方案要保证混凝土在初期、中期以及后期的浇筑强度可以得到平衡的协调。

（6）混凝土施工方案要尽可能保证混凝土施工和机电安装之间存在的相互干扰尽可能少。

2. 混凝土浇筑设备选择原则

混凝土浇筑设备的选择要考虑多方面的因素，比如混凝土浇筑程序能否适应工程强度和进度，各期混凝土浇筑部位和高程与供料线路之间能否平衡协调，等等。具体来说，在选择混凝土浇筑设备时，要注意以下几条原则。

（1）混凝土浇筑设备的起吊设备能保证对整个平面和高程上的浇筑部位形成控制。

（2）保持混凝土浇筑主要设备型号统一，确保设备生产效率稳定、性能良好，其配套设备能发挥主要设备的生产能力。

（3）混凝土浇筑设备要在连续的工作环境中保持稳定的运行，并具有较高的利用效率。

（4）混凝土浇筑设备在工程项目中不需要完成浇筑任务的间隙可以承担起模板、金属构件、小型设备等的吊运工作。

（5）混凝土浇筑设备不会因为压块而导致施工工期的延误。

（6）混凝土浇筑设备的生产能力要在满足一般生产的情况下，尽可能满足浇筑高峰期的生产要求。

（7）混凝土浇筑设备应该具有保证混凝土质量的保障措施。

3. 模板选择原则

在选择混凝土模板时，施工单位应当注意以下原则。

（1）模板的类型要符合施工工程结构物的外形轮廓，便于操作。

（2）模板的结构形式应该尽可能标准化、系列化，保证模板便于制作、安装、拆卸。

（3）在有条件的情况下，应尽量选择混凝土或钢筋混凝土模板。

4. 坝体接缝灌浆设计原则

在坝体的接缝灌浆时应注意考虑以下几个方面。

（1）接缝灌浆应该在灌浆区及以上部位达到坝体稳定温度时；在采取有效措施的基础上，混凝土的保质期应该长于四个月。

（2）在同一坝缝内的不同灌浆分区之间的高度应该为 10 ~ 15m。

（3）要根据双曲拱坝施工期来确定封拱灌浆高程，以及浇筑层顶面间的限定高度差值。

（4）对空腹坝进行封顶灌浆，火堆受气温影响较大的坝体进行接缝灌浆时，应尽可能采用坝体相对稳定且温度较低的设备进行。

（二）碾压式土石坝施工方案选择原则

在进行碾压式土石坝施工方案选择时，要事先对工程所在地的气候、自然条件进行调查，收集相关资料，统计降水、气温等多种因素的信息，并分析它们可能对碾压式土石坝材料的影响程度。

1. 碾压式土石坝料场规划原则

在确定碾压式土石坝的料场时，应注意遵循以下原则。

（1）碾压式土石坝料场的料物物理学性质要符合碾压式土石坝坝体的用料要求，尽可能保证物料质地的统一。

（2）料场的物料应相对集中存放，总储量要保证能满足工程项目的施工要求。

（3）碾压式土石坝料场要保证有一定的备用料区，并保留一部分料场以供坝体合龙和抢拦洪高时使用。

（4）以不同的坝体部位为依据，选择不同的料场进行使用，避免不必要的坝料加工。

（5）碾压式土石坝料场最好具有剥离层薄、便于开采的特点，并且应尽量选择坝料效率较高的料场。

（6）碾压式土石坝料场应满足采集面开阔、料场运输距离短的要求，并且周围有足够多的废料处理场。

（7）碾压式土石坝料场应尽量少占用耕地或林场。

2. 碾压式土石坝料场供应原则

碾压式土石坝料场的供应应当遵循以下原则。

（1）碾压式土石坝料场的供应要满足施工项目的工程和强度需求。

（2）碾压式土石坝料场的供应要充分利用开挖渣料，通过高料高用、低料低用等措施保证料物的使用效率。

（3）尽量使用天然砂石料用作垫层、过滤和反滤，在附近没有天然砂石料的情况下，再选择人工料。

（4）应尽可能避免料物的堆放，如果避免不了，就将堆料场安排在坝区上坝道路上，并要保证防洪、排水等一系列措施的跟进。

（5）碾压式土石坝料场的供应尽可能减少料物和弃渣的运输量，保证料场平整，防止水土流失。

3. 土料开采和加工处理要求

在进行土料开采和加工处理时，要注意满足以下要求。

（1）以土层厚度、土料物理学特征、施工项目特征等为依据，确定料场的主次并进行区分开采。

（2）碾压式土石坝料场土料的开采加工能力应能满足坝体填筑强度的需求。

（3）要时刻关注碾压式土石坝料场天然含水量的高低，一旦出现过高或过低的状况，要采用一定的具体措施加以调整。

（4）如果开采的土料物理力学特性无法满足施工设计和施工要求，那么应选择对采用人工砾质土的可能性进行分析。

（5）对施工场地、料场输送线路、表土堆存场等进行统筹规划，必要时还要对还耕进行规划。

4. 坝料上坝运输方式选择原则

在选择坝料上坝运输方式的过程中，要考虑运输量、开采能力、运输距离、运输费用、地形条件等多方面因素，具体来说，要遵循以下原则。

（1）坝料上坝运输方式要满足施工项目填筑强度的需求。

（2）坝料上坝的运输在过程中不能和其他物料混掺，以免污染和降低料物的物理学性能。

（3）各种坝料应尽量选用相同的上坝运输方式和运输设备。

（4）坝料上坝使用的临时设备应具有设施简易、便于装卸、装备工程量小的特点。

（5）坝料上坝尽量选择中转环节少、费用较低的运输方式。

5. 施工上坝道路布置原则

施工上坝道路的布置应遵循以下原则。

（1）施工上坝道路的各路段要满足施工项目坝料运输强度的需求，并综合考虑各路段运输总量、使用期限、运输车辆类型和气候条件等多项因素，然后最终确定施工上坝的道路布置。

（2）施工上坝道路要兼顾当地地形条件，保证运输过程中不出现中断的现象。

（3）施工上坝道路要兼顾其他施工运输，如施工期过坝运输等，尽量和永久公路相结合。

（4）在限制运输坡长的情况下，施工上坝道路的最大纵坡不能大于15%。

6. 碾压式土石坝施工机械配套原则

确定碾压式土石坝施工机械的配套方案时应遵循以下原则。

（1）确定碾压式土石坝施工机械的配套方案要在一定程度上保证施工机械化水平的提升。

（2）各种坝面作业的机械化水平应尽可能保持一致。

（3）碾压式土石坝施工机械的设备数量应该以施工高峰时期的平均强度进行计算和安排，并适当留有余地。

第四节　水利工程进度控制

一、概念

水利水电建设项目进度控制是指对水电工程建设各阶段的工作内容、工作秩序、持续时间和衔接关系。根据进度总目标和资源的优化配置原则编制计划，并将该计划付诸实施。在实施的过程中要经常检查实际进度是否按计划要求进行，对出现的偏差分析原因，采取补救措施或调整、修改原计划，直到工程竣工验收交付使用。进度控制的最终目的是确保项目进度目标的实现，水利水电建设项目进度控制的总目标是建设工期。

水利水电建设项目的进度受许多因素的影响，项目管理者需事先对影响进度的各种因素进行调查，预测他们对进度可能产生的影响，编制可行的进度计划，指导建设项目按计划实施。然而在计划执行过程中，必然出现新的情况，难以按照原定的进度计划执行。这就要求项目管理者在计划的执行过程中，掌握动态控制原理，不断进行检查，将实际情况与计划安排进行对比，找出偏离计划的原因，特别是找出主要原因，然后采取相应的措施。措施的确定有两个前提：一是通过采取措施，维持原计划，使之正常实施；二是采取措施后不能维持原计划，要对进度进行调整或修正，再按新的计划实施。这样不断地计划、执行、检查、分析、调整计划的动态循环过程，就是进度控制。

二、影响进度因素

水利工程建设项目由于实施内容多、工程量大、作业复杂、施工周期长及参与施工单位多等特点，影响进度的因素很多，主要可归为人为因素，技术因素，项目合同因素，资金因素，材料、设备与配件因素，水文、地质、气象及其他环境因素，还有社会因素和一些难以预料的偶发因素等。

三、工程项目进度计划

工程项目进度计划可以分为进度控制计划、财务计划、组织人事计划、供应计划、劳动力使用计划、设备采购计划、施工图设计计划、机械设备使用计划、物资工程验收计划等。其中工程项目进度控制计划是编制其他计划的基础，其他计划是进度控制计划顺利实施的保证。施工进度计划是施工组织设计的重要组成部分，并规定了工程施工的顺序和速度。水利工程项目施工进度计划主要有两种：一是总进度计划，即对整个水利工程编制的计划，要求写出整个工程中各个单项工程的施工顺序和起止日期及主体工程施工前的准备工作和主体工程完工后的结尾工作的施工期限；二是单项工程进度计划，即对水利枢纽工程中主要工程项目，如大坝、水电站等组成部分进行编制的计划，写出单项工程施工的准备工作项目和施工期限，要求进一步从施工方法和技术供应等条件论证施工进度的合理性和可靠性，研究加快施工进度和降低工程成本的具体方法。

四、进度控制措施

进度控制的措施主要有组织措施、技术措施、合同措施、经济措施和信息措施。

（1）组织措施包括落实项目进度控制部门的人员、具体控制任务和职责分工；项目分解、建立编码体系；确定进度协调工作制度，包括协调会议的时间人员等；对影响进度目标实现的干扰和风险因素进行分析。

（2）技术措施是指采用先进的施工工艺、方法等，以加快施工进度。

（3）合同措施主要包括分段发包、提前施工以及合同期与进度计划的协调等。

（4）经济措施是指保证资金供应。

（5）信息管理措施主要是通过计划进度与实际进度的动态比较，收集有关进度的信息。

五、进度计划的检查和调整方法

在进度计划执行过程中，应根据现场实际情况不断进行检查，将检查结果进行分析，而后调整确定方案，这样才能充分发挥进度计划的控制功能，实现进度计划的动态控制。为此，进度计划执行中的管理工作包括：检查并掌握实际进度情况；分析产生进度偏差的主要原因；确定相应的纠偏措施或调整方法等3个方面。

（一）进度计划的检查

1. 进度计划的检查方法

（1）计划执行中的跟踪检查。在网络计划的执行过程中，必须建立起相应的检查制度，定时定期地对计划的实际执行情况进行跟踪检查，搜集反映实际进度的有关数据。

（2）搜集数据的加工处理。搜集反映实际进度的原始数据量大面广，必须对其进行整理、统计和分析，形成与计划进度具有可比性的数据，以便在网络图上进行记录。根据记录的结果，可以分析判断进度的实际状况，及时发现进度偏差，为网络图的调整提供信息。

（3）实际进度检查记录的方式。

①当采用时标网络计划时，可采用实际进度前锋线记录计划实际执行情况，进行实际进度与计划进度的比较。

实际进度前锋线是在原时标网络计划上，自上而下从计划检查时刻的时标点出发，用点画线依次将各项工作实际进度达到的前锋点连接成的折线。通过实际进度前锋线与原进度计划中的各项工作箭线交点的位置可以判断实际进度与计划进度的偏差。

②当采用无时标网络计划时，可在图上直接用文字、数字、适当符号或列表记录计划的实际执行状况，进行实际进度与计划进度的比较。

2. 网络计划检查的主要内容

（1）关键工作进度。

（2）非关键工作进度及时差利用的情况。

（3）实际进度对各项工作之间逻辑关系的影响。

（4）资源状况。

（5）成本状况。

（6）存在的其他问题。

3. 对检查结果进行分析判断

通过对网络计划执行情况检查的结果进行分析判断，可为计划的调整提供依据。一般应进行如下分析判断。

（1）对时标网络计划可利用绘制的实际进度前锋线，分析计划的执行情况及其发展趋势，对未来的进度做出预测、判断，找出偏离计划目标的原因及可供挖掘的潜力。

（2）对无时标网络计划可根据实际进度的记录情况，对计划中未完的工作进行分析判断。

（二）进度计划的调整

进度计划的调整内容包括：调整网络计划中关键线路的长度、调整网络计划中非关键工作的时差、增（减）工作项目、调整逻辑关系、重新估计某些工作的持续时间、对资源的投入在相应调整。网络计划的调整方法如下。

1. 调整关键线路法

（1）当关键线路的实际进度比计划进度拖后时，应在尚未完成的关键工作中，选择资源强度小或费用低的工作缩短其持续时间，并重新计算未完成部分的时间参数，将其作为一个新的计划实施。

（2）当关键线路的实际进度比计划进度提前时，若不想提前工期，应选用资源占有量大或者直接费用高的后续关键工作，适当延长其持续时间，以降低其资源强度或费用；当确定要提前完成计划时，应将计划尚未完成的部分作为一个新的计划，重新确定关键工作的持续时间，按新计划实施。

2. 非关键工作时差的调整方法

非关键工作时差的调整应在其时差范围内进行，以更充分地利用资源、降低成本或满足施工的要求。每一次调整后都必须重新计算时间参数，观察该调整对计划全局的影响，可采用以下几种调整方法：

（1）将工作在其最早开始时间与最迟完成时间的范围内移动。

（2）延长工作的持续时间。

（3）缩短工作的持续时间。

3. 增减工作时的调整方法

增减工作项目时应符合这样的规定：不打乱原网络计划总的逻辑关系，只对局部逻辑关系进行调整；在增减工作后应重新计算时间参数，分析对原网络计划的影响。当对工期有影响时，应采取调整措施，以保证计划工期不变。

4. 调整逻辑关系

逻辑关系的调整只有当实际情况要求改变施工方法或组织方法时才可进行，调整时应避免影响原定计划工期和其他工作的顺利进行。

5. 调整工作的持续时间

当发现某些工作的原持续时间估计有误或实现条件不充分时，应重新估算其持续时间，并重新计算时间参数，尽量使原计划工期不受影响。

6. 调整资源的投入

当资源供应发生异常时，应采用资源优化方法对计划进行调整，或采取应急措施，使其对工期的影响降到最小。

网络计划的调整可以定期调整，也可以根据检查的结果随时调整。

< PART　THREE >

第三章

水利工程安全管理

第一节　水利工程安全管理的概述

一、安全管理概念

安全生产是指生产过程处于避免人身伤害、设备损坏及其他不可接受的损害风险（危险）的状态。不可接受的损害风险（危险）是指超出了法律、法规和规章的要求，超出了方针、目标和企业规定的其他要求，超出了人们普遍接受的要求。建筑工程安全生产管理是指建设行政主管部门、建筑安全监督管理机构、建筑施工企业及有关单位对建筑安全生产过程中的安全工作，进行计划、组织、指挥、控制、监督、调节和改进等一系列致力于满足生产安全的管理活动。

（一）建筑工程安全生产管理的特点

1. 安全生产管理涉及面广、涉及单位多

由于建筑工程规模大，生产工艺复杂、工序多，在建造过程中流动作业多、高处作业多，作业位置多变，遇到不确定因素多，所以安全管理工作涉及范围大，控制面广。安全管理不仅是施工单位的责任，还包括建设单位、勘察设计单位、监理单位，这些单位也要为安全管理承担相应的责任和义务。

2. 安全生产管理动态性

（1）由于建筑工程项目的单件性，使得每项工程所处的条件不同，所面临的危险因素和所采取的防范措施也会有所改变。

（2）工程项目的分散性。

施工人员在施工过程中，分散于施工现场的各个部位，当他们面对各种具体的生产问题时，一般依靠自己的经验和知识进行判断并做出决定，从而增加了施工过程中由不安全行为而导致事故的风险。

3. 安全生产管理的交叉性

建筑工程项目是开放系统，受自然环境和社会环境影响很大，安全生产管理需要把工

程系统和环境系统及社会系统相结合。

4. 安全生产管理的严谨性

安全状态具有触发性，安全管理措施必须严谨，一旦失控，就会造成损失和伤害。

（二）建筑工程安全生产管理的方针

"安全第一"是建筑工程安全生产管理的原则和目标，"预防为主"是实现安全第一的最重要手段。

（三）建筑工程安全管理的原则

1. "管生产必须管安全"的原则

一切从事生产、经营的单位和管理部门都必须管安全，全面开展安全工作。

2. "安全具有否决权"的原则

安全管理工作是衡量企业经营管理工作好坏的一项基本内容，在对企业进行各项指标考核时，必须首先考虑安全指标的完成情况。安全生产指标具有一票否决的作用。

3. 职业安全卫生"三同时"的原则

"三同时"指建筑工程项目其劳动安全卫生设施必须符合国家规范规定的标准，必须与主体工程同时设计、同时施工、同时投入生产或使用。

（四）安全生产管理标准、规范

（1）法治是强化安全管理的重要内容。

法律是上层建筑的组成部分，为其赖以建立的经济基础服务。

（2）事故处理"四不放过"的原则。

①事故原因分析不清不放过；

②事故责任者和群众没有受到教育不放过；

③没有采取防范措施不放过；

④事故责任者没有受到处理不放过。

（五）安全生产管理体制

当前我国的安全生产管理体制是"企业负责、行业管理、国家监察和群众监督、劳动者遵章守法"。

（六）安全生产责任制度

安全生产责任制度是建筑生产中最基本的安全管理制度，是所有安全规章制度的核心。安全生产责任制度是指将各种不同的安全责任落实到具体安全管理的人员和具体岗位人员身上的一种制度。这一制度是安全第一、预防为主的具体体现，是建筑安全生产的基本制度。

（七）安全生产目标管理

安全生产目标管理就是根据建筑施工企业的总体规划要求，制定出在一定时期内安全生产方面所要达到的预期目标并组织实现此目标。其基本内容是确定目标、目标分解、执行目标、检查总结。

（八）施工组织设计

施工组织设计是组织建设工程施工的纲领性文件，是指导施工准备和组织施工的全面性的技术、经济文件，是指导现场施工的规范性文件。施工组织设计必须在施工准备阶段完成。

（九）安全技术措施

安全技术措施是指为防止工伤事故和职业病的危害，从技术上采取的措施。在工程施工中，是指针对工程特点、环境条件、劳力组织、作业方法、施工机械、供电设施等制定的能够确保安全施工的措施。

安全技术措施也是建设工程项目管理实施规划或施工组织设计的重要组成部分。

（十）安全技术交底

安全技术交底是落实安全技术措施及安全管理事项的重要手段之一。重大安全技术措施及重要部位的安全技术由公司负责人向项目经理部技术负责人进行书面的安全技术交底。一般安全技术措施及施工现场应注意的安全事项由项目经理部技术负责人向施工作业班组、作业人员做出详细说明，并经双方签字认可。

（十一）安全教育

安全教育是实现安全生产的一项重要基础工作，它可以提高职工搞好安全生产的自觉性、积极性和创造性，增强安全意识，掌握安全知识，提高职工的自我防护能力，使安全规章制度得到贯彻执行。安全教育培训的主要内容有：安全生产思想、安全知识、安全技能、安全操作规程标准、安全法规、劳动保护和典型事例。

（十二）班组安全活动

班组安全活动是指在上班前由班组长组织并主持，根据本班目前工作内容，重点介绍安全注意事项、安全操作要点，以达到组员在班前掌握安全操作要领，提高安全防范意识，减少事故发生的活动。

（十三）特种作业

特种作业是指在劳动过程中容易发生伤亡事故，对操作者本人，尤其对他人和周围设施的安全有重大危害因素的作业。直接从事特种作业者，称为特种作业人员。

（十四）安全检查

安全检查是指建设行政主管部门、施工企业安全生产管理部门或项目经理，对施工企业和工程项目经理部贯彻国家安全生产法律及法规、安全生产情况、劳动条件、事故隐患等进行的检查。

（十五）安全事故

安全事故是人们在进行有目的的活动中，发生了违背人们意愿的不幸事件，使其有目的的行动暂时或永久的停止。重大安全事故，是指在施工过程中由于责任过失造成工程倒塌或废弃、机械设备破坏和安全设施失当造成人身伤亡或者重大经济损失的事故。

（十六）安全评价

安全评价是采用系统科学方法，辨别和分析系统存在的危险性并根据其形成事故的风险大小，来采取相应的安全措施，以达到系统安全的过程。安全评价的基本内容有：识别危险源、评价风险、采取措施，直到达到安全目标。

（十七）安全标志

安全标志由安全色、几何图形符号构成，以此表达特定的安全信息。其目的是引起人们对不安全因素的注意，预防事故的发生。安全标志分为禁止标志、警告标志、指令标志、提示性标志四类。

二、工程施工特点

建筑业的生产活动危险性大，不安全因素多，是事故多发行业。建筑施工的特点主要有：

（1）工程建设最大的特点就是产品固定，这是它不同于其他行业的根本点，建筑产品是固定的，体积大、生产周期长。建筑物一旦施工完毕就固定了，生产活动都是围绕着建筑物、构筑物来进行的，有限的场地上集中了大量的人员、建筑材料、设备零部件和施工机具等，这样的情况可以持续几个月或一年，有的甚至需要七八年，工程才能完成。

（2）高处作业多，工人常年在室外操作。一栋建筑物从基础、主体结构到屋面工程、室外装修等，露天作业约占整个工程的70%。现在的建筑物一般都在7层以上，绝大部分工人都在十几米或几十米的高处从事露天作业。工作条件差，且受到气候条件多变的影响。

（3）手工操作多，繁重的劳动消耗大量体力。建筑业是劳动密集型的传统行业之一，大多数工种需要手工操作。近几年来，墙体材料有了创新，出现了大模、滑模、大板等施工工艺，但就全国来看，绝大多数墙体仍然是使用黏土砖、水泥空心砖和小砌块砌筑。

（4）现场变化大。每栋建筑物从基础、主体到装修，每道工序都不同，不安全因素也就不同，即使同一工序由于施工工艺和施工方法不同，生产过程也不同。而随着工程进度的推进，施工现场的施工状况和不安全因素也随之变化。为了完成施工任务，要采取很多临时性措施。

（5）近年来，建筑任务已由以工业为主向以民用建筑为主转变，建筑物由低层向高层发展，施工现场由较为宽阔的场地向狭窄的场地转移。施工现场的吊装工作量增多，垂直运输的办法也多了，多采用龙门架（或井字架）、高大旋转塔吊等。随着流水施工技术和网络施工技术的运用，交叉作业也随之大量增加，木工机械如电平刨、电锯普遍使用。因施工条件变化，伤亡类别增多。过去是"钉子扎脚"等小事故较多，现在则是机械伤害、高处坠落、触电等事故较多。

工程施工复杂，加上流动分散、工期不固定，比较容易形成临时观念。不采取可靠的安全防护措施，存在侥幸心理，伤亡事故必然频繁发生。

第二节　施工安全因素与安全管理体系

一、施工安全因素

事故潜在的不安全因素是造成人的伤害、物的损失事故的先决条件，各种人身伤害事故均离不开物与人这两个因素。人的不安全行为和物的不安全状态，是造成绝大部分事故的两个方面潜在的不安全因素，通常也可称作事故隐患。

（一）安全因素特点

安全是在人类生产过程中，将系统的运行状态对人类的生命、财产、环境可能产生的损害控制在人类能接受限度以下的状态。安全因素的定义就是在某一指定范围内与安全有关的因素。水利水电工程施工的安全因素有以下特点：

（1）安全因素的确定取决于所选的分析范围，此处分析范围可以指整个工程，也可以针对具体工程的某一施工过程或者某一部分的施工，例如围堰施工、升船机施工等。

（2）安全因素的辨识依赖于对施工内容的了解，对工程危险源的分析以及运作安全风险评价的人员的安全工作经验。

（3）安全因素具有针对性，并不是对整个系统做事无巨细的考虑，安全因素的选取具有一定的代表性和概括性。

（4）安全因素具有灵活性，只要能对所分析的内容具有一定概括性，能达到系统分析的效果的，都可成为安全因素。

（5）安全因素是进行安全风险评价的关键点，是构成评价系统框架的节点。

（二）安全因素辨识过程

安全因素是进行风险评价的基础，人们在辨识出的安全因素的基础上，进行风险评价框架的构建。进行水利水电工程施工安全因素的辨识，首先对工程施工内容和施工危险源进行分析和了解，在危险源的认知基础上，以整个工程为分析范围，从管理、施工人员、材料、危险控制等各个方面，结合以往的安全分析危险，进行安全因素的辨识。

宏观安全因素辨识进行需要收集以下资料。

1. 工程所在区域状况

（1）本地区有无地震、洪水、浓雾、暴雨、雪害、龙卷风及特殊低温等自然灾害？

（2）工程施工期间如发生火药爆炸、油库火灾爆炸等对邻近地区有何影响？

（3）工程施工过程中如发生大范围滑坡、塌方及其他意外情况对行船、导流、行车等有无影响？

（4）附近有无易燃、易爆、毒物泄漏的危险源，对本区域的影响如何？是否存在其他类型的危险源？

（5）工程过程中排土、排渣是否会形成公害或对本工程及友邻工程进行产生不良影响？

（6）公用设施如供水、供电等是否充足？重要设施有无备用电源？

（7）本地区消防设备和人员是否充足？

（8）本地区医院、救护车及救护人员等配置是否适当？有无现场紧急抢救措施？

2. 安全管理情况

（1）安全机构、安全人员的设置满足安全生产要求吗？

（2）怎样进行安全管理的计划、组织协调、检查、控制工作？

（3）对施工队伍中各类用工人员是否实行了安全一体化管理？

（4）有无安全考评及奖罚方面的措施？

（5）如何进行事故处理？同类事故发生情况如何？

（6）隐患整改如何？

（7）是否制订有切实有效且操作性强的防灾计划？领导是否经常过问？关键性设备、设施是否定期进行试验、维护？

（8）整个施工过程是否制定完善的操作规程和岗位责任制？实施状况如何？

（9）程序性强的作业（如起吊作业）及关键性作业（如停送电、放炮）是否实行标准化作业？

（10）是否进行在线安全训练？职工是否掌握必备的安全抢救常识和紧急避险、互救知识？

3. 施工措施安全情况

（1）是否设置了明显的工程界限标志？

（2）有可能发生塌陷、滑坡、爆破飞石、吊物坠落等危险场所是否标定了合适的安全范围并设有警示标志或信号？

（3）友邻工程施工中在安全上相互影响的问题是如何解决的？

（4）特殊危险作业是否规定了严格的安全措施？能强制实施否？

（5）可能发生车辆伤害的路段是否设有合适的安全标志？

（6）作业场所的通道是否良好？是否有滑倒、摔伤的危险？

（7）所有用电设施是否按要求接地、接零？人员可能触及的带电部位是否采取有效的保护措施？

（8）可能遭受雷击的场所是否采取了必要的防雷措施？

（9）作业场所的照明、噪声、有毒有害气体浓度是否符合安全要求？

（10）所使用的设备、设施、工具、附件、材料是否具有危险性？是否定期进行检查确认？有无检查记录？

（11）作业场所是否存在冒顶片帮或坠井、掩埋的危险性？曾经采取了何等措施？

（12）登高作业是否采取了必要的安全措施（可靠的跳板、护栏、安全带等）？

（13）防、排水设施是否符合安全要求？

（14）劳动防护用品要适应作业要求的情况，发放数量、质量、更换周期是否满足了要求？

4. 油库、炸药库等易燃、易爆危险品

（1）危险品名称、数量、设计最大存放量。

（2）危险品化学性质及其燃点、闪点、爆炸极限、毒性、腐蚀性等了解与否？

（3）危险品存放方式（是否根据其用途及特性分开存放）。

（4）危险品与其他设备、设施等之间的距离、爆破器材分放点之间是否有殉爆的可能性？

（5）存放场所的照明及电气设施的防爆、防雷、防静电情况。

（6）存放场所的防火设施配置消防通道了吗？有无烟、火自动检测报警装置？

（7）存放危险品的场所是否有专人 24 小时值班，有无具体岗位责任制和危险品管理制度？

（8）危险品的运输、装卸、领用、加工、检验、销毁是否严格按照安全规定进行？

（9）危险品运输、管理人员是否掌握火灾、爆炸等危险状况下的避险、自救、互救的知识？是否定期进行必要的训练？

5. 起重运输大型作业机械情况

（1）运输线路里程、路面结构、平交路口、防滑措施等情况如何？

（2）指挥、信号系统情况如何？信息通道是否存在干扰？

（3）人—机系统匹配有何问题？

（4）设备检查、维护制度和执行情况如何？是否实行各层次的检查？周期多长？是否定期维修？周期多长？

（5）司机是否经过作业适应性检查？

（6）过去事故情况如何？

以上这些因素均是进行施工安全风险因素识别时需要考虑的主要因素。实际工程中需考虑的因素可能比上述因素还要多。

（三）施工过程行为因素

采用 HFACS 框架对导致工程施工事故发生的行为因素进行分析。对标准的 HFACS 框架进行修订，以适应水电工程施工实际的安全管理、施工作业技术措施、人员素质等状况。框架的修改遵循 4 个原则：

（1）删除在事故案例分析中出现频率极少的因素，包括对工程施工影响较小和难以在事故案例中找到的潜在因素。

（2）对相似的因素进行合并，避免重复统计，从而无形中提高类似因素在整个工程施工当中的重要性。

（3）针对水电工程施工的特点，对因素的定义、因素的解释和其涵盖的具体内容进行适当的调整。

（4）HFACS框架是从国外引进的，将部分因素的名称加以修改，以更贴合我国工程施工安全管理业务的习惯用语。

对标准HFACS框架修改如下。

1. 企业组织影响（L4）

企业（包括水电开发企业、施工承包单位、监理单位）组织层的差错属于最高级别的差错，它的影响通常是间接的、隐性的，因而经常会被安全管理人员所忽视。在进行事故分析时，很难挖掘起企业组织层的缺陷。而一经发现，其改正的代价也很高，却更能加强系统的安全性。一般而言，组织影响包括三个方面：

（1）资源管理。主要指组织资源分配及维护决策存在的问题，如安全组织体系不完善、安全管理人员配备不足、资金设施等管理不当、过度削减与安全相关的经费（安全投入不足）等。

（2）安全文化与氛围：可以定义为影响管理人员与作业人员绩效的多种变量，包括组织文化和政策，比如信息流通传递不畅、企业政策不公平、只奖不罚或滥奖、过于强调惩罚等都属于不良的文化与氛围。

（3）组织流程。主要涉及组织经营过程中的行政决定和流程安排，如施工组织设计不完善、企业安全管理程序存在缺陷、制定的某些规章制度及标准不完善等。

其中，"安全文化与氛围"这一因素，虽然在提高安全绩效方面具有积极作用，但不容易定性衡量，在事故案例报告中也未明确指明，而且在工程施工各类人员成分复杂的结构当中，其传播较难有一个清晰的脉络。因此，为了简化分析过程，将该因素去除。

2. 安全监管（L3）

（1）监督（培训）不充分。指监督者或组织者没有提供专业的指导、培训、监督等。若组织者没有提供充足的CRM培训，或某个管理人员、作业人员没有这样的培训机会，则班组协同合作能力将会大受影响，出现差错的概率必然增加。

（2）作业计划不适当。其包括这样几种情况，班组人员配备不当，如没有职工带班，没有提供足够的休息时间，任务或工作负荷过量。整个班组的施工节奏以及作业安排由于赶工期等原因安排不当，会使得作业风险加大。

（3）隐患未整改。指的是管理者知道人员、培训、施工设施、环境等相关安全领域的不足或隐患之后，仍然允许其持续下去的情况。

（4）管理违规。指的是管理者或监督者有意违反现有的规章程序或安全操作规程，如允许没有资格、未取得相关特种作业证的人员作业等。

以上四项因素在事故案例报告中均有体现，虽然相互之间有关联，但各有差异，彼此独立，因此，均加以保留。

3. 不安全行为的前提条件（L2）

这一层级指出了直接导致不安全行为发生的主客观条件，包括作业人员状态、环境因素和人员因素。将"物理环境"改为"作业环境"，"施工人员资源管理"改为"班组管理"，"人员准备情况"改为"人员素质"。定义如下：

（1）作业环境：既指操作环境（如气象、高度、地形等），也指施工人员周围的环境，如作业部位的高温、振动、照明、有害气体等。

（2）技术措施：包括安全防护措施、安全设备和设施设计、安全技术交底的情况，以及作业程序指导书与施工安全技术方案等一系列情况。

（3）班组管理：属于人员因素，常为许多不安全行为的产生创造前提条件。未认真开展"班前会"及搞好"预知危险活动"；在施工作业过程中，安全管理人员、技术人员、施工人员等相互间信息沟通不畅、缺乏团队合作等问题属于班组管理不良。

（4）人员素质：包括体力（精力）差、不良心理状态与不良生理状态等生理心理素质，如精神疲劳，失去情境意识，工作中自满、安全警惕性差等属于不良心理状态；生病、身体疲劳或服用药物等引起生理状态差，当操作要求超出个人能力范围时会出现身体、智力局限，同时为安全埋下隐患，如视觉局限、休息时间不足、体能不适应等；以及没有遵守施工人员的休息要求、培训不足、滥用药物等属于个人准备情况的不足。

将标准 HFACS 的"体力（精力）限制""不良心理状态"与"不良生理状态"合并，是因为这三者可能互相影响和转换。"体力（精力）限制"可能会导致"不良心理状态"与"不良生理状态"，此处便产生了重复，增加了心理和生理状态在所有因素当中的比重。同时，"不良心理状态"与"不良生理状态"之间也可能相互转化，由于心理状态的失调往往会带来生理上的伤害，而生理上的疲劳等因素又会引起心理状态的变化，两者相辅相成，常常是共同存在的。此外，没有充分的休息、滥用药物、生病、心理障碍也可以归结为人员准备不足，因此，将"体力（得到精力）限制""不良心理状态"与"不良生理状态"合并至"人员素质"。

4. 施工人员的不安全行为（L1）

人的不安全行为是系统存在问题的直接表现。将这种不安全行为分成三类：知觉与决策差错、技能差错以及操作违规。

（1）知觉与决策差错："知觉差错"和"决策差错"通常是并发的，由于对外界条件、环境因素以及施工器械状况等现场因素感知上产生失误，导致做出了错误的决定。决策差错指由于经验不足，缺乏训练或外界压力等造成，也可能理解问题不彻底，如紧急情况判断错误，决策失败等。知觉差错指一个人的感知觉和实际情况不一致，就像出现视觉错觉和空间定向障碍一样，可能是由于工作场所光线不足，或在不利地质、气象条件下作业等。

（2）技能差错：包括漏掉程序步骤、作业技术差、作业时注意力分配不当等。不依赖于所处的环境，而是由施工人员的培训水平决定，而在操作当中不可避免地发生。因此，应该作为独立的因素保留。

（3）操作违规：故意或者主观地不遵守确保安全作业的规章制度的操作，分为习惯性的违章和偶然性的违规。前者是组织或管理人员常常能容忍和默许的，常造成施工人员习惯成自然。而后者偏离规章或施工人员通常的行为模式，一般会被立即禁止。

二、安全管理体系

（一）安全管理体系内容

1. 建立健全安全生产责任制

安全生产责任制是安全管理的核心，是保障安全生产的重要手段，它能有效地预防事故的发生。

安全生产责任制是根据"管生产必须管安全""安全生产人人有责"的原则。明确各级领导和各职能部门及各类人员在生产活动中应负的安全职责的制度。有些安全生产责任制，就能把安全与生产从组织形式上统一起来，把"管生产必须管安全"的原则从制度上固定下来，进而增强各级管理人员的安全责任心，使安全管理纵向到底、横向到边、专管成线、群管成网、责任明确、协调配合、共同努力，真正把安全生产工作落到实处。

安全生产责任制的内容要分级制定和细化，如企业、项目、班组都应建立各级安全生产责任制，按其职责分工，确定各自的安全责任，并组织实施和考评，保证安全生产责任制的落实。

2. 制定安全教育制度

安全教育制度是企业对职工进行安全法律、法规、规范、标准、安全知识和操作规程培训教育的制度，是提高职工安全意识的重要手段，是企业安全管理的一项重要内容。

安全教育制度内容应规定：定期和不定期安全教育的时间、应受教育的人员、教育的内容和形式，如新工人、外施队人员等进场前必须接受三级（公司、项目、班组）安全教育。从事危险性较大的特殊工种的人员必须经过专门的培训机构培训合格后持证上岗，每年还必须进行一次安全操作规程的训练和再教育。对采用新工艺、新设备、新技术和变换工种的人员应进行安全操作规程和安全知识的培训和教育。

3. 制定安全检查制度

安全检查是发现隐患、消除隐患、防止事故、改善劳动条件和环境的重要措施，是企业预防安全生产事故的一项重要手段。

安全检查制度内容应规定：安全检查负责人、检查时间、检查内容和检查方式。它包括经常性的检查、专业化的检查、季节性的检查和专项性的检查，以及群众性的检查等。对于检查出的隐患应进行登记，并采取定人、定时间、定措施的"三定"办法给予解决，同时对整改情况进行复查验收，彻底消除隐患。

4. 制定各工种安全操作规程

工种安全操作规程是消除和控制劳动过程中的不安全行为，预防伤亡事故，确保作业人员的安全和健康所需要的措施，也是企业安全管理的重要制度之一。

安全操作规程的内容应根据国家和行业安全生产法律、法规、标准、规范，结合施工现场的实际情况制定出各种安全操作规程。同时根据现场使用的新工艺、新设备、新技术，制定相应的安全操作规程，并监督其实施。

5. 制定安全生产奖罚办法

企业制定安全生产奖罚办法的目的是不断提高劳动者进行安全生产的自觉性，调动劳动者的积极性和创造性，防止和纠正违反法律、法规和劳动纪律的行为，也是企业安全管理重要制度之一。

安全生产奖罚办法规定奖罚的目的、条件、种类、数额、实施程序等。企业只有建立安全生产奖罚办法，做到有奖有罚、奖罚分明，才能鼓励先进、督促落后。

6. 制定施工现场安全管理规定

施工现场安全管理规定是施工现场安全管理制度的基础，目的是规范施工现场安全防护设施的标准化、定型化。

施工现场安全管理规定的内容包括：施工现场一般安全规定、安全技术管理、脚手架工程安全管理（包括特殊脚手架、工具式脚手架等）、电梯井操作平台安全管理、马路搭设安全管理、大模板拆装存放安全管理、水平安全网、井字架龙门架安全管理、孔洞临边防护安全管理、拆除工程安全管理等。

7. 制定机械设备安全管理制度

机械设备是指目前建筑施工普遍使用的垂直运输和加工机具，由于机械设备本身存在一定的危险性。管理不当就可能造成机毁人亡。所以它是目前施工安全管理的重点对象。

机械设备安全管理制度应规定，大型设备应到上级有关部门备案，符合国家和行业有关规定，还应设专人负责定期进行安全检查、保养，保证机械设备状态良好，以及各种机械设备的安全管理制度。

8. 制定施工现场临时用电安全管理制度

施工现场临时用电是目前建筑施工现场离不开的一项操作，由于其使用广泛、危险性比较大，因此它牵涉每个劳动者的安全，也是施工现场一项重要的安全管理制度。

施工现场临时用电管理制度的内容应包括：外电的防护、地下电缆的保护、设备的接地与接零保护、配电箱的设置及安全管理规定（总箱、分箱、开关箱）、现场照明、配电线路、电器装置、变配电装置、用电档案的管理等。

9. 制定劳动防护用品管理制度

使用劳动防护用品是为了减轻或避免劳动过程中，劳动者受到的伤害和职业危害，保护劳动者安全健康的一项预防性辅助措施，是安全生产防止职业性伤害的需要，对于减少职业危害起着相当重要的作用。

劳动防护用品制度的内容应包括：安全网、安全帽、安全带、绝缘用品、防职业病用品等。

（二）建立健全安全组织机构

施工企业一般都有安全组织机构，但必须建立健全项目安全组织机构，确定安全生产目标，明确参与各方对安全管理的具体分工，安全岗位责任与经济利益挂钩，根据项目的性质规模不同，采用不同的安全管理模式。对于大型项目，必须安排专门的安全总负责人，并配以合理的班子，共同进行安全管理，建立安全生产管理的资料档案。实行单位领导对整个施工现场负责，专职安全员对部位负责，班组长和施工技术员对各自的施工区域负责，操作者对自己的工作范围负责的"四负责"制度。

（三）安全管理体系建立步骤

1. 领导决策

最高管理者亲自决策，以便获得各方面的支持和在体系建立过程中所需的资源保证。

2. 成立工作组

最高管理者或授权管理者代表成立的工作小组负责建立安全管理体系。工作小组的成员要覆盖组织的主要职能部门，组长最好由管理者代表担任，以保证小组对人力、资金、信息的获取。

3. 人员培训

培训的目的是使有关人员了解建立安全管理体系的重要性，了解标准的主要思想和内容。

4. 初始状态评审

初始状态评审要对组织过去和现在的安全信息、状态进行收集、调查分析、识别并获取现有的、适用的法律、法规和其他要求，进行危险源辨识和风险评价。评审的结果将作为制定安全方针、管理方案、编制体系文件的基础。

5. 制订方针、目标、指标的管理方案

方针是组织对其安全行为的原则和意图的声明，也是组织自觉承担其责任和义务的承诺。方针不仅为组织确定了总的指导方向和行动准则，而且确定了评价一切后续活动的依据，并为更加具体的目标和指标提供一个框架。

安全目标、指标的制定是组织为了实现其在安全方针中所体现出的管理理念及其对整体绩效的期许与原则，与企业的总目标相一致。

管理方案是实现目标、指标的行动方案。为保证安全管理体系的实现，需结合年度管理目标和企业客观实际情况，策划制订安全管理方案。该方案应明确旨在实现目标、指标的相关部门的职责、方法、时间表以及资源的要求。

第三节 施工安全控制与安全应急预案

一、安全操作要求

（一）爆破作业

1. 爆破器材的运输

当气温低于 10℃运输易冻的硝化甘油炸药时，应采取防冻措施；气温低于 -15℃运输硝化甘油炸药时，也应采取防冻措施；禁止用翻斗车、自卸汽车、拖车、机动三轮车、人力三轮车、摩托车和自行车等运输爆破器材；运输炸药雷管时，装车高度要低于车厢 10cm。车厢、船底应加软垫。雷管箱不许倒放或立放，层间也应垫软垫；水路运输爆破器材，停泊地点距岸上建筑物不得小于 250m；汽车运输爆破器材，汽车的排气管宜设在车前下侧，并应设置防火罩装置；汽车在视线良好的情况下行驶时，时速不得超过 20km（工区内不得超过 15km）；在弯多坡陡、路面狭窄的山区行驶时，时速应保持在 5km 以内。平坦道路行车间距应大于 50m，上下坡应大于 300m。

2. 爆破

明挖爆破音响依次发出预告信号（现场停止作业，人员迅速撤离）、准备信号、起爆信号、解除信号。检查人员确认安全后，由爆破作业负责人通知警报室发出解除信号。在特殊情况下，如准备工作尚未结束，应由爆破负责人通知警报室延后发布起爆信号，并用广播器通知现场全体人员。装药和堵塞应使用木、竹制作的炮棍，严禁使用金属棍棒装填。

深孔、竖井、倾角大于 30° 的斜井、有瓦斯和粉尘爆炸危险等工作面的爆破，禁止采用火花起爆；炮孔的排距较密时，导火索的外露部分不得超过 1.0m，以防止导火索互相交错而起火；一人连续单个点火的火炮，暗挖不得超过 5 个，明挖不得超过 10 个。并应在爆破负责人指挥下，做好分工及撤离工作；当信号炮响后，全部人员应立即撤出炮区，迅速到安全地点掩蔽；点燃导火索应使用专用点火工具，禁止使用火柴和打火机等。

用于同一爆破网络内的电雷管，电阻值应相同。网络中的支线、区域线和母线彼此连接之前各自的两端应绝缘；装炮前工作面一切电源应切除，照明至少设于距工作面 30m 以外，只有确认炮区无漏电、感应电后，才可装炮；雷雨天严禁采用电爆网络；供给每个电雷管的实际电流应大于准爆电流，网络中全部导线应绝缘；有水时导线应架空；各接头应用绝缘胶布包好，两条线的搭接口禁止重叠，至少应错开 0.1m；测量电阻只许使用经过检查的专用爆破测试仪表或线路电桥；严禁使用其他电气仪表进行测量；通电后若发生拒爆，应立即切断母线电源，将母线两端拧在一起，锁上电源开关箱进行检查。进行检查的时间对于即发电雷管，至少在 10min 以后，对于延发电雷管，至少在 15min 以后。

导爆索只准用快刀切割，不得用剪刀剪断导火索；支线要顺主线传爆方向连接，搭接长度不应少于 15cm，支线与主线传爆方向的夹角应不大于 90°；起爆导爆索的雷管，其聚能穴应朝向导爆索的传爆方向；导爆索交叉敷设时，应在两根交叉爆索之间设置厚度不小于 10cm 的木质垫板；连接导爆索中间不应出现断裂破皮、打结或打圈现象。

用导爆管起爆时，应有设计起爆网络，并进行传爆试验；网络中所使用的连接元件应经过检验合格；禁止导爆管打结，禁止在药包上缠绕；网络的连接处应牢固，两元件应相距 2m；敷设后应严加保护，防止冲击或损坏；一个 8 号雷管起爆导爆管的数量不宜超过 40 根，层数不宜超过 3 层，只有确认网络连接正确，与爆破无关人员已经撤离，才准许接入引爆装置。

（二）起重作业

钢丝绳的安全系数应符合有关规定。根据起重机的额定负荷，计算好每台起重机的吊点位置，最好采用平衡梁抬吊。每台起重机所分配的荷重不得超过其额定负荷的 75%～80%。应有专人统一指挥，指挥者应站在两台起重机司机都能看到的位置。重物应保持水平，钢丝绳应保持铅直受力均衡。具备经有关部门批准的安全技术措施。起吊重物离地面 10cm 时，应停机检查绳扣、吊具和吊车的刹车可靠性，仔细观察周围有无障碍物。确认无问题后，方可继续起吊。

（三）脚手架拆除作业

拆脚手架前，必须将电气设备和其他管、线、机械设备等拆除或加以保护。拆脚手架时，应统一指挥，按顺序自上而下进行；严禁上下层同时拆除或自下而上进行。拆下的材料，禁止往下抛掷，应用绳索捆牢，用滑车、卷扬等方法慢慢放下来，集中堆放在指定地点。拆脚手架时，严禁采用将整个脚手架推倒的方法进行拆除。三级、特级及悬空高处作业使用的脚手架拆除时，必须事先制定安全可靠的措施才能进行拆除。拆除脚手架的区域内，无关人员禁止逗留和通过，在交通要道应设专人警戒。架子搭成后，未经有关人员同意，不得任意改变脚手架的结构和拆除部分杆子。

（四）常用安全工具

安全帽、安全带、安全网等施工生产使用的安全防护用具，应符合国家规定的质量标准，具有厂家安全生产许可证、产品合格证和安全鉴定合格证书，否则不得采购、发放和使用。

常用安全防护用具应经常检查和定期试验。高处临空作业应按规定架设安全网，作业人员使用的安全带，应挂在牢固的物体上或可靠的安全绳上，安全带严禁低挂高用。挂安全带用的安全绳，不宜超过3m。在有毒有害气体可能泄漏的作业场所，应配置必要的防毒护具，以备急用，并及时检查维修更换，保证其处在良好待用状态。电气操作人员应根据工作条件选用适当的安全电工用具和防护用品，电工用具应符合安全技术标准并定期检查，凡不符合技术标准要求的绝缘安全用具、登高作业安全工具、携带式电压和电流指示器以及检修中的临时接地线等，均不得使用。

二、安全控制要点

（一）一般脚手架安全控制要点

（1）脚手架搭设之前应根据工程的特点和施工工艺要求确定搭设（包括拆除）施工方案。

（2）脚手架必须设置纵、横向扫地杆。

（3）高度在24m以下的单、双排脚手架均必须在外侧立面的两端各设置一道剪刀撑并应由底至顶连续设置中间各道剪刀撑。剪刀撑及横向斜撑搭设应随立杆，纵向和横向水平杆等同步搭设，各底层斜杆下端必须支承在垫块或垫板上。

（4）高度在24m以下的单、双排脚手架宜采用刚性连墙件与建筑物可靠连接，亦可采用拉筋和顶撑配合使用的附墙连接方式，严禁使用仅有拉筋的柔性连墙件。24m以上的双排脚手架必须采用刚性连墙件与建筑物可靠连接，连墙件必须采用可承受拉力和压力的构造。50m以下（含50m）脚手架连墙件，应按3步3跨进行布置，50m以上的脚手架连墙件应按2步3跨进行布置。

（二）一般脚手架检查与验收程序

脚手架的检查与验收应由项目经理组织项目施工、技术、安全，作业班组负责人等有关人员参加，按照技术规范、施工方案、技术交底等有关技术文件对脚手架进行分段验收，在确认符合要求后方可投入使用。

脚手架及其地基基础应在下列阶段进行检查和验收：

（1）基础完工后及脚手架搭设前。

（2）作业层上施加荷载前。

（3）每搭设完10～13m高度后。

（4）达到设计高度后。

（5）遇有六级及以上大风与大雨后。

（6）寒冷地区土层开冻后。

（7）停用超过一个月的，在重新投入使用之前。

（三）附着式升降脚手架、整体提升脚手架或爬架作业安全控制要点

（1）附着式升降脚手架（整体提升脚手架或爬架）作业要针对提升工艺和施工现场作业条件编制专项施工方案，专项施工方案包括设计、施工、检查、维护和管理等全部内容。

（2）安装搭设必须严格按照设计要求和规定程序进行，安装后经验收并进行荷载试验，确认符合设计要求后，方可正式使用。

（3）进行提升和下降作业时，架上人员和材料的数量不得超过设计规定并尽可能减少。

（4）升降前必须仔细检查附着连接和提升设备的状态是否良好，发现异常应及时查找原因并采取措施解决。

（5）升降作业应统一指挥、协调动作。

（6）在安装、升降、拆除作业时，应划定安全警戒范围并安排专人进行监护。

（四）洞口、临边防护控制

1. 洞口作业安全防护基本规定

（1）各种楼板与墙的洞口按其大小和性质应分别设置牢固的盖板、防护栏杆、安全网或其他防坠落的防护设施。

（2）坑槽、桩孔的上口柱形、条形等基础的上口以及天窗等处都要作为洞口采取符合规范的防护措施。

（3）楼梯口、楼梯口边应设置防护栏杆或者用正式工程的楼梯扶手代替临时防护栏杆。

（4）井口除设置固定的栅门外还应在电梯井内每隔两层不大于10m处设一道安全平网进行防护。

（5）在建工程的地面入口处和施工现场人员流动密集的通道上方应设置防护棚，防止因落物产生物体打击事故。

（6）施工现场大的坑槽、陡坡等处除需设置防护设施与安全警示标牌外，夜间还应设红灯示警。

2. 洞口的防护设施要求

（1）楼板、屋面和平台等面上短边尺寸小于25cm但大于2.5cm的孔口必须用坚实的盖板盖严，盖板要有防止挪动移位的固定措施。

（2）楼板面等处边长为 25 ~ 50cm 的洞口、安装预制构件时的洞口以及因缺件临时形成的洞口可用竹、木等做盖板盖住洞口，盖板要保持四周搁置均衡并有固定其位置不发生挪动移位的措施。

（3）边长为 50 ~ 150cm 的洞口必须设置一层以扣件连接钢管而成的网格栅，并在其上满铺竹篱笆或脚手板，也可采用贯穿于混凝土板内的钢筋构成防护网栅、钢盘网格，间距不得大于 20cm。

（4）边长在 150cm 以上的洞口四周必须设防护栏杆，洞口下方设安全平网防护。

3. 施工用电安全控制

（1）施工现场临时用电设备在 5 台及以上或设备总容量在 50kW 及以上者应编制用电组织设计。临时用电设备在 5 台以下和设备总容量在 50kW 以下者应制定安全用电和电气防火措施。

（2）变压器中性点直接接地的低压电网临时用电工程必须采用 TN-S 接零保护系统。

（3）当施工现场与外线路共用同一供电系统时，电气设备的接地、接零保护应与原系统保持一致，不得一部分设备做保护接零，另一部分设备做保护接地。

（4）配电箱的设置。

①施工用电配电系统应设置总配电箱配电柜、分配电箱、开关箱，并按照"总→分→开"的顺序分级设置形成"三级配电"模式。

②施工用电配电系统各配电箱、开关箱的安装位置要合理。总配电箱配电柜要尽量靠近变压器或外电源处以便于电源的引入。分配电箱应尽量安装在用电设备或负荷相对集中区域的中心地带，确保三相负荷保持平衡。开关箱安装的位置应视现场情况和工况尽量靠近其控制的用电设备。

③为保证临时用电配电系统三相负荷平衡施工现场的动力用电和照明用电应形成两个用电回路，动力配电箱与照明配电箱应该分别设置。

④施工现场所有用电设备必须有各自专用的开关箱。

⑤各级配电箱的箱体和内部设置必须符合安全规定，开关电器应标明用途，箱体应统一编号。停止使用的配电箱应切断电源，箱门上锁。固定式配电箱应设围栏并有防雨防砸措施。

（5）电器装置的选择与装配。

在开关箱中作为末级保护的漏电保护器，其额定漏电动作电流不应大于 30mA，额定漏电动作时间不应大于 0.1s。在潮湿、有腐蚀性介质的场所中，漏电保护器要选用防溅型的产品，其额定漏电动作电流不应大于 15mA，额定漏电动作时间不应大于 0.1s。

（6）施工现场照明用电。

①在坑、洞、井内作业，夜间施工或厂房、道路、仓库、办公室、食堂、宿舍、料具堆放场所及自然采光差的场所应设一般照明、局部照明或混合照明。一般场所宜选用额定电压 220V 的照明器。

②隧道、人防工程、高温、有导电灰尘、比较潮湿或灯具离地面高度低于 2.5m 等场所的照明电源电压不得大于 36V。

③潮湿和易触及带电体场所的照明电源电压不得大于 24V。

④特别潮湿场所、导电良好的地面、锅炉或金属容器内的照明电源电压不得大于 12V。

⑤照明变压器必须使用双绕组型安全隔离变压器，严禁使用自耦变压器。

⑥室外 220V 灯具距地面不得低于 3m，室内 220V 灯具距地面不得低于 2.5m。

4. 垂直运输机械安全控制

（1）外用电梯安全控制要点

①外用电梯在安装和拆卸之前必须针对其类型特点说明书的技术要求，结合施工现场的实际情况制订详细的施工方案。

②外用电梯的安装和拆卸作业必须由取得相应资质的专业队伍进行安装，安装完毕，经验收合格取得政府相关主管部门核发的《准用证》后方可投入使用。

③外用电梯在大雨、大雾和六级及六级以上大风天气时应停止使用。暴风雨过后应组织对电梯各有关安全装置进行一次全面检查。

（2）塔式起重机安全控制要点

①塔吊在安装和拆卸之前必须针对类型特点说明书的技术要求结合作业条件制订详细的施工方案。

②塔吊的安装和拆卸作业必须由取得相应资质的专业队伍进行安装，安装完毕，经验收合格，取得政府相关主管部门核发的《准用证》后方可投入使用。

③遇六级及六级以上大风等恶劣天气应停止作业将吊钩升起。行走式塔吊要夹好轨钳。当风力达十级以上时应在塔身结构上设置缆风绳或采取其他措施加以固定。

三、安全应急预案

应急预案，又称"应急计划"或"应急救援预案"。是针对可能发生的事故，迅速、有序地开展应急行动、降低人员伤亡和经济损失而预先制订的有关计划或方案。它是在辨识和评估潜在重大危险、事故类型、发生的可能性、发生的过程、事故后果及影响严重程度的基础上，对应急机构职责、人员、技术、装备、设施、物资、救援行动及其指挥与协调方面预先做出的具体安排。应急预案明确了在事故发生前、事故过程中以及事故发生后，谁负责做什么，何时做，怎么做，以及相应的策略和资源准备等。

（一）事故应急预案

为控制重大事故的发生，防止事故蔓延，有效地组织抢险和救援，政府和生产经营单位应对已初步认定的危险场所和部位进行风险分析。对认定的危险有害因素和重大危险源，应事先对事故后果进行模拟分析，预测重大事故发生后的状态、人员伤亡情况及设备破坏和损失程度，以及由于物料的泄漏可能引起的火灾、爆炸，有毒有害物质扩散对单位可能造成的影响。

依据预测，提前制定重大事故应急预案，组织、培训事故应急救援队伍，配备事故应急救援器材，以便在重大事故发生后，能及时按照预定方案进行救援，在最短时间内使事故得到有效控制。编制事故应急预案主要目的有以下两个方面：

（1）采取预防措施使事故控制在局部，消除蔓延条件，防止突发性重大或连锁事故发生。

（2）能在事故发生后迅速控制和处理事故，尽可能减轻事故对人员及财产的影响，保障人员生命和财产安全。

事故应急预案是事故应急救援体系的主要组成部分，是事故应急救援工作的核心内容之一，是及时、有序、有效地开展事故应急救援工作的重要保障。事故应急预案的作用体现在以下几个方面。

（1）事故应急预案确定了事故应急救援的范围和体系，使事故应急救援不再无据可依、无章可循。尤其是通过培训和演练，可以使应急人员熟悉自己的任务，具备完成指定任务所需的相应能力，并检验预案和行动程序，评估应急人员的整体协调性。

（2）事故应急预案有利于做出及时的应急响应，降低事故后果。应急行动对时间要求十分敏感，不允许有任何拖延。事故应急预案预先明确了应急各方的职责和响应程序，在应急救援等方面进行了先期准备，可以指导事故应急救援迅速、高效、有序地开展，将事故造成的人员伤亡、财产损失和环境破坏降到最低限度。

（3）事故应急预案是各类突发事故的应急基础。通过编制事故应急预案，可以对那些事先无法预料到的突发事故起到基本的应急指导作用，成为开展事故应急救援的"底线"。在此基础上，可以针对特定事故类别编制专项事故应急预案，并有针对性地制定应急措施、进行专项应对准备和演习。

（4）事故应急预案建立了与上级单位和部门事故应急救援体系的衔接。通过编制事故应急预案可以确保当发生超过本级应急能力的重大事故时与有关应急机构的联系和协调。

（5）事故应急预案有利于提高风险防范意识。事故应急预案的编制、评审、发布、宣传、推演、教育和培训，有利于各方了解可能面临的重大事故及其相应的应急措施，有利于促进各方提高风险防范意识和能力。

（二）应急预案的编制

事故应急预案的编制过程可分为 4 个步骤。

1.成立事故预案编制小组

应急预案的成功编制需要有关职能部门和团体的积极参与，并达成一致意见，尤其是应寻求与危险直接相关的各方进行合作。成立事故应急预案编制小组是将各有关职能部门、各类专业技术有效结合起来的最佳方式，可有效地保证应急预案的准确性、完整性和实用性，而且为应急各方提供了一个非常重要的协作与交流机会，有利于统一应急各方的不同观点和意见。

2.危险分析和应急能力评估

为了准确策划事故应急预案的编制目标和内容，应开展危险分析和应急能力评估工作。为有效开展此项工作，预案编制小组首先应进行初步的资料收集，包括相关法律法规、应急预案、技术标准、国内外同行业事故案例分析、本单位技术资料、重大危险源等。

（1）危险分析

危险分析是应急预案编制的基础和关键过程。在危险因素辨识分析、评价及事故隐患排查、治理的基础上，确定本区域或本单位可能发生事故的危险源、事故的类型、影响范围和后果等，并指出事故可能产生的次生、衍生事故，形成分析报告，分析结果将作为应急预案的编制依据。危险分析主要内容为危险源的分析和危险度评估。危险源的分析主要包括有毒、有害、易燃、易爆物质的企事业单位的名称、地点、种类、数量、分布、产量、储存、危险度、以往事故发生情况和发生事故的诱发因素等。事故源潜在危险度的评估就是在对危险源进行全面调查的基础上，对企业单位的事故潜在危险度进行全面的科学评估，为确定目标单位危险度的等级找出科学的数据依据。

（2）应急能力评估

应急能力评估就是依据危险分析的结果，对应急资源的准备状况充分性和从事应急救援活动所具备的能力评估，以明确应急救援的需求和不足，为事故应急预案的编制奠定基础。应急能力包括应急资源（应急人员、应急设施、装备和物资）、应急人员的技术、经验和接受的培训等，它将直接影响应急行动的快速、有效性。制定应急预案时应当在评估与潜在危险相适应的应急能力的基础上，选择最现实、最有效的应急策略。

3. 应急预案编制

针对可能发生的事故，结合危险分析和应急能力评估结果等信息，按照应急预案的相关法律法规的要求，编制应急救援预案。应急预案编制过程中，应注意编制人员的参与和培训，充分发挥他们各自的专业优势，使他们掌握危险分析和应急能力评估结果，明确应急预案的框架、应急过程的行动重点以及应急衔接、联系要点等。同时编制的应急预案应充分利用社会应急资源，考虑与政府应急预案、上级主管单位以及相关部门的应急预案相衔接。

4. 应急预案的评审和发布

（1）应急预案的评审

为使预案切实可行、科学合理以及与实际情况相符，尤其是重点目标下的具体行动预案，编制前后需要组织有关部门、单位的专家、领导到现场进行实地勘察，如重点目标周围地形、环境、指挥所位置、分队行动路线、展开位置、人口疏散道路及流散地域等实地勘察、实地确定。经过实地勘察修改预案后，应急预案编制单位或管理部门还要依据我国有关应急的方针、政策、法律、法规、规章、标准和其他有关应急预案编制的指南性文件与评审检查表，组织有关部门、单位的领导和专家进行评议，取得政府有关部门和应急机构的认可。

（2）应急预案的发布

事故应急救援预案经评审通过后，应由最高行政负责人签署发布，并报送有关部门和应急机构备案。预案经批准发布后，应组织落实预案中的各项工作，如开展应急预案宣传、教育和培训，落实应急资源并定期检查，组织开展应急演习和训练，建立电子化的应急预案，对应急预案实施动态管理与更新，并不断完善。

（三）应急预案的内容

应急预案可分为综合应急预案、专项应急预案和现场处置方案 3 个层次。

综合应急预案是应急预案体系的总纲，主要从总体上阐述事故的应急工作原则，包括应急组织机构及职责、应急预案体系、事故风险描述、预警及信息报告、应急响应、保障措施、应急预案管理等内容。

专项应急预案是为应对某一类型或某几种类型事故，或者针对重要生产设施、重大危险源、重大活动等内容而制定的应急预案。专项应急预案主要包括事故风险分析、应急指挥机构及职责、处置程序和措施等内容。

现场处置方案是根据不同事故类别，针对具体的场所、装置或设施所制定的应急处置措施，主要包括事故风险分析、应急工作职责、应急处置和注意事项等内容。水利水电工程的建设参建各方应根据风险评估、岗位操作规程以及危险性控制措施，组织本单位现场作业人员及相关专业人员共同编制现场处置方案。

应急预案应形成体系，针对各级各类可能发生的事故和所有危险源制定专项应急预案和现场处置方案，并明确事前、事发、事中、事后各个过程中相关单位、部门和有关人员的职责。水利水电工程建设项目应根据现场情况，详细分析现场具体风险（如某处易发生滑坡事故）。编制现场处置方案，主要由施工企业编制，监理单位审核，项目法人备案。分析工程现场的风险类型（如人身伤亡），编写专项应急预案，由监理单位与项目法人起草，相关领导审核，向各施工企业发布。综合分析现场风险，应急行动、措施和保障等基本要求和程序，编写综合应急预案，由项目法人编写，项目法人领导审批，向监理单位、施工企业发布。

由于综合应急预案是综述性文件，因此需要要素全面。而专项应急预案和现场处置方案要素重点在于制定具体救援措施，对于单位概况等基本要素可不做内容要求。

第四节 安全健康管理体系与安全事故处理

一、安全健康管理体系认证

职业健康安全管理的目标是使企业的职业伤害事故、职业病持续减少。实现这一目标的重要组织保证体系，是企业建立持续有效并不断改进的职业健康安全管理体系（Occupational safety and health management systems，简称 OSHMS）。其核心是要求企业采用现代化的管理模式，使包括安全生产管理在内的所有生产经营活动科学、规范并有效，通过建立安全健康风险的预测、评价、定期审核和持续改进完善机制，预防事故发生和控制职业危害。

（一）OSHMS 简介

OSHMS 具有系统性、动态性、预防性、全员性和全过程控制的特征。OSHMS 以"系统安全"思想为核心，将企业的各个生产要素组合起来作为一个系统，通过危险辨识、风险评价和控制等手段来达到控制事故发生的目的；OSHMS 将管理重点放在对事故的预防上，在管理过程中持续不断地根据预先确定的程序和目标，定期审核和完善系统的不安全因素，使系统达到最佳的安全状态。

1. 标准的体系结构

职业健康安全管理体系结构包括五个一级要素，即职业健康安全方针；策划；实施和运行；检查；管理评审。显然，这五个一级要素中的策划、实施和运行、检查和纠正措施三个要素来自 PDCA 循环，其余两个要素即职业健康安全方针和管理评审，一个是对总方针和总目标的明确，一个是为了实现持续改进的管理措施。也即其中心仍是 PDCA 循环的基本要素。

这五个一级要素，包括 17 个二级要素，即职业健康安全方针；对危险源辨识、风险评价和风险控制的策划；法规和其他要求；目标；职业健康安全管理方案；结构和职责；培训、意识和能力；协商和沟通；文件；文件和资料控制；运行控制；应急准备和响应；绩效测量和监视；事故、事件、不符合、纠正和预防措施；记录和记录管理；审核；管理评审。这 17 个二级要素中一部分是体现体系主体框架和基本功能的核心要素，包括职业健康安全方针，对危险源辨识、风险评价和风险控制的策划，法规和其他要求，目标，职业健康安全管理方案，结构和职责，运行控制，绩效测量和监视，审核和管理评审。一部分是支持体系主体框架和保证实现基本功能的辅助要素，包括培训、意识和能力，协商和沟通，文件，文件和资料控制，应急准备和响应，事故、事件、不符合、纠正和预防措施，记录和记录管理。

2. 安全体系基本特点

建筑企业在建立与实施自身职业健康安全管理体系时，应注意充分体现建筑业的基本特点。

（1）危害辨识、风险评价和风险控制策划的动态管理。建筑企业在实施职业健康安全管理体系时，应根据客观状况的变化，及时对危害辨识、风险评价和风险控制过程进行评审，并注意在发生变化前即采取适当的预防性措施。

（2）强化承包方的教育与管理。建筑企业在实施职业健康安全管理体系时，应特别注意通过适当的培训与教育形式来提高承包方人员的职业安全健康意识与知识，并建立相应的程序与规定，确保他们遵守企业的各项安全健康规定与要求，并促进他们积极参与体系实施和以高度责任感完成其相应的职责。

（3）加强与各相关方的信息交流。建筑企业在施工过程中往往涉及多个相关方，如承包方、业主、监理方和供货方等。为了确保职业健康安全管理体系的有效实施与不断改进，必须依据相应的程序与规定，通过各种形式加强与各相关方的信息交流。

（4）强化施工组织设计等设计活动的管理。必须通过体系的实施，建立和完善对施工组织设计或施工方案以及单项安全技术措施方案的管理，确保每一设计中的安全技术措施都根据工程的特点、施工方法、劳动组织和作业环境等提出有针对性的具体要求，从而促进建筑施工的本质安全。

（5）强化生活区安全健康管理。每一承包项目的施工活动中都要涉及现场临建设施及施工人员住宿与餐饮等管理问题，这也是建筑施工队伍容易出现安全与中毒事故的关键环节。实施职业安全健康管理体系时，必须控制现场临建设施及施工人员住宿与餐饮管理中的风险，建立与保持相应的程序和规定。

（6）融合。建筑企业应将职业安全健康管理体系作为其全面管理的一个组成部分，它的建立与运行应融合于整个企业的价值取向，包括体系内各要素、程序和功能与其他管理体系的融合。

（二）管理体系认证程序

建立 OSHMS 的步骤如下：领导决策→成立工作组→人员培训→危害辨识及风险评价→初始状态评审→职业安全健康管理体系策划与设计→体系文件编制→体系试运行→内部审核→管理评审→第三方审核及认证注册等。

建筑企业可参考如下步骤来制订建立与实施职业安全健康管理体系的推进计划。

1. 学习与培训

职业安全健康管理体系的建立和完善的过程，是始于教育、终于教育的过程，也是提高认识和统一认识的过程。教育培训要分层次、循序渐进地进行，需要企业所有人员的参与和支持。在全员培训基础上，要有针对性地抓好管理层和内审员的培训。

2. 初始评审

初始评审的目的是为职业安全健康管理体系的建立和实施提供基础，为职业安全健康管理体系的持续改进建立绩效基准。

初始评审主要包括以下内容：

（1）收集相关的职业安全健康法律、法规和其他要求，对其适用性及需遵守的内容进行确认，并对遵守情况进行调查和评价；

（2）对现有的或计划的建筑施工相关活动进行危害辨识和风险评价；

（3）确定现有措施或计划采取的措施是否能够消除危害或控制风险；

（4）对所有现行职业安全健康管理的规定、过程和程序等进行检查，并评价其对管理体系要求的有效性和适用性；

（5）分析以往建筑安全事故情况以及员工健康监护数据等相关资料，包括人员伤亡、职业病、财产损失的统计、防护记录和趋势分析；

（6）对现行组织机构、资源配备和职责分工等进行评价。

初始评审的结果应形成文件，并作为建立职业安全健康管理体系的基础。

3. 体系策划

根据初始评审的结果和本企业的资源，进行职业安全健康管理体系的策划。策划工作主要包括：

（1）确立职业安全健康方针。

（2）制定职业安全健康体系目标及其管理方案。

（3）结合职业安全健康管理体系要求进行职能分配和机构职责分工。

（4）确定职业安全健康管理体系文件结构和各层次文件清单。

（5）为建立和实施职业安全健康管理体系准备必要的资源。

（6）文件编写。

4. 体系试运行

各个部门和所有人员都按照职业安全健康管理体系的要求开展相应的安全健康管理和建筑施工活动，对职业安全健康管理体系进行试运行，以检验体系策划与文件化规定的充分性、有效性和适宜性。

5. 评审完善

通过职业安全健康管理体系的试运行，特别是依据绩效监测和测量、审核以及管理评审的结果，检查与确认职业安全健康管理体系各要素是否按照计划安排有效运行，是否达到了预期的目标，并采取相应的改进措施，使体系得到进一步的完善。

二、安全事故处理

水利工程施工安全是指在施工过程中，工程组织方应该采取必要的安全措施和手段来保证施工人员的生命和健康安全，降低安全事故的发生概率。

（一）概述

1. 概念

工伤事故就是企业员工在为公司或工厂进行施工建设中因为某种原因造成的伤亡事故。从目前的情况来看，除了施工单位的员工，工伤事故的发生群体还包括民工、临时工和参加生产劳动的学生、教师、干部等。

2. 伤亡事故的分类

一般来说，伤亡事故的分类都是根据受伤害者受到的伤害程度进行划分的。

（1）轻伤

轻伤是职工受到伤害程度最低的一种工伤事故，按照相关法律的规定，员工如果受到需要歇工一天或一天以上的伤害就应视为轻伤事故处理。

（2）重伤事故

重伤的情况分为很多种，一般来说，凡是有下列情况之一者，都属于重伤，作重伤事故处理。

①经医生诊断成为残废或可能成为残废的。

②伤势严重，需要进行较大手术才能挽救的。

③人体要害部位严重灼伤、烫伤或非要害部位，但灼伤、烫伤占全身面积1/3以上的；严重骨折，严重脑震荡等。

④眼部受伤较重，对视力产生影响，甚至有失明可能的。

⑤手部伤害：大拇指轧断一节的，食指、中指、无名指任何一只轧断两节或任何两只轧断一节的局部肌肉受伤严重，引起机能障碍，有不能自由伸屈的残废可能的。

⑥脚部伤害：一脚脚趾轧断三只以上的，局部肌肉受伤甚剧，有不能行走自如的残废的可能的；内部伤害，内脏损伤、内出血或伤及腹膜等。

⑦其他部位伤害严重的。不在上述各点内，经医师诊断后，认为受伤较重，根据实际情况由当地劳动部门审查认定。

（3）多人事故

在施工过程中如果出现多人（3人或3人以上）受伤的情况，那么应认定为多人工伤事故处理。

（4）急性中毒

急性中毒是指由于食物、饮水、接触物等原因造成的员工中毒。急性中毒会对受害者的机体造成严重的伤害，一般作为工伤事故处理。

（5）重大伤亡事故

重大伤亡事故是指在施工过程中，由于事故造成一次死亡1～2人的事故，应作重大伤亡处理。

（6）多人重大伤亡事故

多人重大伤亡事故是指在施工过程中，由于事故造成一次死亡3人或3人以上10人以下的重大工伤事故。

（7）特大伤亡事故

特大伤亡事故是指在施工过程中，由于事故造成一次死亡10人或10人以上的伤亡事故。

（二）事故处理程序

一般来说，如果在施工过程中发生重大伤亡事故，企业负责人应在第一时间组织对伤员的抢救工作，并及时将事故情况报告给各有关部门，具体来说主要分为以下三个主要步骤。

1. 迅速抢救伤员、保护好事故现场

在工伤事故发生之后，施工单位的负责人应迅速组织人员对伤员展开抢救，并拨打120急救热线。另外，还要保护好事故现场，帮助劳动责任认定部门进行劳动责任认定。

2. 组织调查组

轻伤、重伤事故，由企业负责人或其指定人员组织生产、技术、安全等部门及工会组成事故调查组，进行调查；伤亡事故，由企业主管部门会同同级行政安全管理部门、公安部门、监察部门、工会组成事故调查组，进行调查。死亡和重大死亡事故调查组应邀请人民检察院参加，还可邀请有关专业技术人员参加，与发生事故有直接利害关系的人员不得参加调查组。

3. 现场勘查

（1）做出笔录

通常情况下，笔录的内容包括事发时间、地点以及气象条件等；现场勘查人员的姓名、单位、职务；现场勘查起止时间、勘查过程；能量逸散所造成的破坏情况、状态、程度；设施设备损坏情况及事故发生前后的位置；事故发生前的劳动组合，现场人员的具体位置和行动；重要物证的特征、位置及检验情况等。

（2）实物拍照

包括方位拍照，反映事故现场周围环境中的位置；全面拍照，反映事故现场各部位之间的联系；中心拍照，反映事故现场中心情况；细目拍照，提示事故直接原因的痕迹物、致害物；人体拍照，反映伤亡者主要受伤和造成伤害的部位。

（3）现场绘图

根据事故的类别和规模以及调查工作的需要应绘制。建筑物平面图、剖面图；事故发生时人员位置及疏散图；破坏物立体图或展开图；涉及范围图；设备或工、器具构造图等。

（4）分析事故原因、确定事故性质

分析的步骤和要求是：

①通过详细的调查、查明事故发生的经过。

②整理和仔细阅读调查资料，对受伤部位、受伤性质、起因物、致害物、伤害方法、不安全行为和不安全状态等七项内容进行分析。

③根据调查所确认的事实，从直接原因入手，逐渐深入间接原因。通过对原因的分析、

确定出事故的直接责任者和领导责任者，根据在事故发生中的作用，找出主要责任者。

④确定事故的性质。如责任事故、非责任事故或破坏性事故。

（5）写出事故调查报告

事故调查组应着重把事故发生的经过、原因、责任分析和处理意见以及本次事故的教训和改进工作的建议等写成报告，调查组全体人员签字后报批。如内部意见不统一，应进一步弄清事实，对照政策法规反复研究，统一认识。个别同志仍持有不同意见的，可在签字时写明自己的意见。

（6）事故的审理和结案

建设部对事故的审批和结案有以下几点要求：

①事故调查处理结论，应经有关机关审批后，方可结案。伤亡事故处理工作应当在90日内结案，特殊情况不得超过180日。

②事故案件的审批权限，同企业的隶属关系及人事管理权限一致。

③对事故责任人的处理，应根据其情节轻重和损失大小，谁有责任，主要责任、其次责任、重要责任、一般责任还是领导责任等，按规定给予处分。

④要把事故调查处理的文件、图纸、照片、资料等记录长期完整地保存起来。

< PART FOUR >

第四章

水利工程管理现代化创新发展

第一节 水利工程管理现代化的内涵与基本特征

水利工程管理现代化作为实现水利现代化的重要保障,其自身也具有深刻的内涵和特征,只有在理解这些内涵和特征的基础上,我们才能采取具体的方法和措施来加强这方面的建设,实现水利工程管理现代化。

一、水利工程管理现代化的内涵

(一)现代化概述

现代化常被用来描述现代发生的社会和文化变迁现象。一般而言,现代化包括了学术知识上的科学化、政治上的民主化、经济上的工业化、社会生活上的城市化、思想领域的自由化和民主化,文化上的人性化等。

现代化是人类文明的一种深刻变化,是文明要素的创新、选择、传播和退出交替进行的过程,是追赶、达到和保持世界先进水平的国际竞争。现代化是一个动态的发展过程,指传统经济社会向现代经济社会的转变,它包括经济领域的工业化、国际化,政治领域的民主化,社会领域的城市化,价值观念的理性化,科学领域的充分进步以及理论实践的不断创新,等等。其重要特征是生产力不断提高,经济持续增长,社会不断进步,人民生活不断改善,经济社会结构和生产关系随着生产力的发展需要不断改变和创新。其重要特点在于,经济社会中充分体现了以工业化、国际化、智能化、信息化、知识化为动力,推动传统农业文明向工业文明、工业文明向知识文明的全球大转变,具有广泛的世界性和鲜明的时代性,并呈现加速发展的趋势。

现代化作为一个概念,既是一个时间概念,也是一个动态变化的概念;作为一个过程,既有时间特征,也有变化特征;作为基本内涵,既有传统性的合理继承和发展,又有现代先进性和合理性的特质。需要从时间和变化的含义与特征中把握,才能理解现代化是社会状态在现代的变化或社会向现代状态的变化。

(二)水利工程管理现代化

水利工程管理现代化包括管理体制的现代化、管理技术的现代化、管理人才的现代化。

管理技术的现代化依赖于水管理的信息化、自动化，充分利用现代信息技术，深入开发和广泛利用水利信息资源，包括水利信息的采集、传输、存储、处理和服务，全面提升水利事业活动的效率和效能以及发展地理信息系统、遥感、卫星通信和计算机网络等高新技术及应用，水管理与水信息的现代化作为水利现代化的重要内容，是实现水利工程科学管理、高效利用和有效保护的基础和前提。同时，管理技术的现代化除了要求水利管理中优先采用现代科学管理技术，使水利行业发挥最大的效益外，十分重视体制与人力资源的开发。水利管理人员要具有现代的观念、知识，掌握水利管理科学技术。在管理体制和机制上采取政府宏观调控、公众参与、民主协商、市场调节的方式，强调综合管理。

水利工程管理是通过检查观测、维修养护、加固改造、科学调度、控制运用水行政管理等行为，来维持工程的安全与完好，保障工程正常运行以及功能、效益的充分发挥。所以，水利工程管理现代化的内涵可概括为：适应水利现代化的要求，创建先进、科学的水利工程管理体系，包括具有高标准的水利工程设施设备，拥有先进的调度监控手段，建立适应市场经济体制的良性运行的管理模式，规范化的行业管理和科学的涉河事务管理与公共服务的制度体系以及建设具备现代思想意识、现代技术水平的管理队伍。也就是说，要建立水利工程管理现代化，就要建立管理理念的现代化、管理体制与机制的现代化、水利工程设施设备的现代化（工程达到标准程度，工程设施设备完好情况等）、工程管理控制运用手段的现代化、人才队伍的现代化等。实现水利工程管理现代化是适应经济社会现代化和水利现代化的客观需要，建立现代的科学的水利工程管理体系是一个系统的、动态的过程，需要不断进行制度创新。

二、水利工程管理现代化的基本特征

为适应社会发展并符合现代化要求，水利工程管理现代化应具备以下"五大基本特征"。

（一）水利工程管理体制现代化

建立职能清晰、权责明确的水利工程分级管理体制，实行水利工程统一管理与分级管理相结合的方式，在界定责任主体的前提下明确各类水利工程的管理单位职能。加大水利工程管理单位内部改革力度，建立精干高效的管理模式。核定管养经费，实行管养分离，定岗定编，竞聘上岗，逐步建立管理科学，运行规范，与市场经济相适应，符合水利行业特点和发展规律的新型管理体制和运行机制，更好地保障公益性水利工程长期安全可靠运行。

（二）水利工程管理制度化、规范化和法制化

建立、健全并不断完善各项管理规章制度。做到工程管理有章可循、有规可依。

规范工程维修养护管理。建立健全相关规章制度，制定适合维修养护实际的管理办法。用制度和办法约束、规范维修养护行为。建立规范的资金投入、使用、管理与监督机制。完善水利工程管理公共财政保障机制和社会资金的筹措机制，规范维修养护经费的使用。

水利工程运行管理规范化、科学化。要实现水利工程管理现代化，水利工程管理就必须实现规范化和科学化，如：水库工程须制定调度方案、调度规程和调度制度，调度原则及调度权限应清晰，同时建立年度计划执行总结制度。水闸、泵站制订控制运用计划或调度方案，并按照操作规程运行。

（三）完好的水利工程管理基础设施

具有安全可靠的防洪减灾能力，是水利工程管理现代化的基本保障。要建立安全可靠的防洪减灾体系，所有大中型水库、水闸、堤防、泵站、灌区均要达到规范设计标准；其次，保证水利工程管理设施配套完好，按照水利工程管理相关设计规范，在工程建设或加固时，完善各类水利工程管理设施，保证现代化管理需要。

（四）水利工程管理手段现代化与信息化

加强水利工程管理信息化基础设施建设，以信息化带动现代化，提高水利工程管理的科技含量和管理效益，是水利工程管理发展的必由之路。

依靠科技进步，通过应用相应的现代化信息技术，不断加大水利工程管理的科技含量，全面提升现代化管理水平，符合信息化、自动化的现代化管理要求。

（五）适应工程管理现代化要求的水利工程管理队伍

实现水利工程管理现代化，人才是关键。水利管理要求实现从传统水利向现代水利、可持续发展水利转变，需要打造出一支素质高、结构合理、适应工程管理现代化要求的水利工程管理队伍。制定人才培养机制及科技创新激励机制，加大培训力度，大力培养和引进既掌握技术又懂管理的复合型人才。采取多种形式，培养一批能够掌握信息系统开发技术、精通信息系统管理、熟悉水利工程专业知识的多层次、高素质信息化建设人才。

第二节　水利工程管理现代化目标和内容

一、指导思想与基本原则

（一）指导思想

按照我国 2050 年基本实现现代化的总体目标，全面贯彻中央新时期水利工作方针，服从和服务于国家经济社会发展全局，坚持人与自然和谐，坚持经济社会与人口、资源、环境的协调发展，促进生态文明建设，依法治水和科学治水，改革与完善水资源管理体制，深化水利建设与管理体制改革，实现长效管理和水资源可持续利用，全面推进水利工程管理现代化进程。

（二）基本原则

1. 与我国社会主义现代化战略相协调，适度超前

水利是国民经济和社会发展的基础和保障，水利现代化是我国社会主义现代化的重要组成部分。水利现代化建设，是为了满足经济社会现代化对水利的需求。随着经济不断发展和社会生产力水平的不断提高，人们对防洪保安、水资源供给、水环境保护等的需求也在不断发展、变化。因此，作为水利现代化重要组成部分的水利工程管理现代化应与我国社会主义现代化的进程相协调，适度超前发展，满足经济社会发展到不同阶段的不同要求。

2. 因地制宜，因时制宜，东西南北中总揽，省、市、县兼顾，城乡统筹

我国地区间自然条件、经济社会发展水平和发展速度存在较大差异，在东、中、西部之间也已形成较大差距，各地区对水利现代化的发展需求、目标和任务以及可以提供的保障条件不尽相同。因此，在推进水利工程管理现代化进程中，要因地制宜，东中西协调，南北总揽，城乡统筹，流域与区域统筹，根据需要与可能，确定本地区水利工程管理现代化建设阶段性的重点领域和主要任务，为全面建设小康社会和基本实现水利现代化创造条件。

3. 整体推进，重点突出，分步实施，加快进程

水利工程管理现代化建设涉及很多方面，既包括水利建设与生态环境保护，人与自然关系变化以及治水思路的调整，又涉及管理体制、机制和法制的完善等。因此，要统筹兼

顾，依靠科技进步，整体推进水利工程管理现代化水平；同时，合理配置人力、物力资源，突出重点领域和关键问题，抓住主要矛盾，集中力量，力争短时期在重点领域有所突破。

4. 深化改革，注入活力，开创新局面，加快发展

水是生命之源、生产之要、生态之基。兴水利、除水害，事关人类生存、经济发展、社会进步，历来是治国安邦的大事。促进经济长期平稳较快发展和社会和谐稳定，夺取全面建设小康社会新胜利，必须下决心加快水利发展，切实增强水利支撑保障能力，实现水资源可持续利用。水利面临着难得的发展机遇，中央和各级人民政府高度重视水利工作，水利投入大幅增加，全社会对水的忧患意识普遍增强，为推进水利工程管理现代化提供了契机。在工程管理改革上，区别不同工程的功能和类型，建立与社会主义市场经济相适应的管理体制、运行机制，水利工程经营性项目全面推向市场，并形成水利社会化经营服务格局。

二、水利工程管理现代化的目标与分区推进构想

（一）水利工程管理现代化目标

作为体现水利现代化水平重要方面的水利工程管理，必须加大改革和创新力度，以现代的治水理念、先进的科学技术、完善的基础设施、科学的管理制度，武装和改造传统水利，努力实现工程管理的制度化、规范化、科学化、法制化，创建现代化的水利工程管理体系。确保水利工程设施完好，保证水利工程实现各项功能，长期安全运行，持续并充分发挥效益。

（1）改革和创新水利工程管理模式，实现计划经济体制下的传统管理模式向现代化管理模式转变，努力构筑适应社会主义市场经济要求、符合水利工程管理特点和发展规律的水利工程管理体制和运行机制，以实现水利工程管理的良性运行。

（2）实施标准化、精细化管理，认真贯彻落实《水利工程管理考核办法》，通过对水利工程管理单位全面系统考核，促进管理法规与技术标准的贯彻落实，强化组织管理、运行管理和经济管理，以提高规范化管理的水平。

（3）依靠科技进步，不断提升水利工程管理的科技含量，全面提升现代化管理水平。

（4）保障水利工程安全运行，最大限度地保持工程设计能力、延长工程使用寿命、发挥工程综合功能效益，提供全面良好的优质水事服务，为经济社会可持续发展提供水安全、水资源、水环境支撑的保障。

（5）强化公共服务、社会管理职能，进一步加强河湖工程与资源管理以及工程管理范围内的涉水事务管理，维护河湖水系的引排调蓄能力，充分发挥河湖水系的水安全、水资源、水环境功能，并为水生态修复创造条件。

（二）分区推进构想

水利工程管理的现代化进程应科学规划，分步实施，按照工作步骤，制订周密的工作计划，完善工作程序，规范工作制度，有计划、有步骤地推进实施。全国各地经济发展不平衡，东西南北中区域间的发展差异较大。因此，现代水利的发展不能一哄而上，也不可能一蹴而就，只能结合各地实际，走不同的发展路子，创造条件，分步实施。沿海、沿江地区，鉴于改革开放程度高，经济发展比较快，有些地方已经初步实现了管理现代化，水利工程管理现代化的发展可以快一点；中、西、北部地区目前来说属于经济相对欠发达地区，要求尽快实现水利管理现代化是不现实的。但是，一定要高起点规划，特别是要把工程标准、管理设施做得好一些。

各省、市、县都应选择不同类型的典型，按照"积极稳妥、先易后难、先点后面"的原则，开展试点工作，为全面推进改革积累经验。对试点中出现的新情况、新问题，及时研究、及时处理，对试点中发现的好经验、好做法，及时宣传、及时推广。要坚持一切从实际出发的原则，既要大胆借鉴事业单位和国有企业改革的成功经验，又要立足于水利行业和本单位的实际，根据各水利工程管理单位所承担的任务和人员、资产的现状，实行分类指导。既要重视国内外先进水利管理理论和实践经验的学习借鉴，又要注重总结推广基层单位在水利管理实践中涌现出来的改革创新的典型经验，以点带面、点面结合、积极稳妥、扎扎实实地推进水利管理与改革，不断加快水利管理现代化进程。

三、水利工程管理理念现代化

按照科学发展观的要求，在水利建设与管理工作中我们应自觉树立以下几种意识。

（一）以人为本的意识

优质的工程建设和良好的运行管理的根本出发点是为了人民群众的切身利益，为人民提供可靠的防洪保障和水资源保障，保证江河资源开发利用不会损害流域内的社会公共利益。

（二）公共安全的意识

水利工程公益性功能突出，与社会公共安全密切相关。要把切实保障人民群众生命安全作为首要目标，重点解决关系人民群众切身利益的工程建设质量和工程运行安全问题。

（三）公平公正的意识

公平公正是和谐社会的基本要求，也是水利工程建设管理的基本要求。在市场监管、招标投标、稽查检查、行政执法等方面，要坚持公平公正的原则，保证水利建筑市场规范有序。

（四）环境保护的意识

人与自然和谐相处是构建和谐社会的重要内容，要高度重视水利建设与运行中的生态和环境问题，水利工程管理工作要高度关注经济效益、社会效益、生态效益的协调发挥。

四、水利工程管理体制机制现代化

水利工程管理体制改革的实质是理顺管理体制，建立良性管理运行机制，实现对水利工程的有效管理，使水利工程更好地担负起维护公众利益、为社会提供基本公共服务的责任。

（一）建立职能清晰、权责明确的水利工程管理体制

准确界定水利工程管理单位性质，合理划分其公益性职能及经营性职能。承担公益性工程管理的水利工程管理单位，其管理职责要清晰、切实到位；同时要纳入公共财政支付，保证其经费渠道畅通。

（二）建立管理科学、运行规范的水利工程管理单位运行机制

加大水利工程管理单位内部改革力度，建立精干高效的管理模式。核定管养经费，实行管养分离，定岗定编，竞聘上岗，逐步建立管理科学，运行规范，与市场经济相适应，符合水利行业特点和发展规律的新型管理体制和运行机制，更好地保障公益性水利工程长期安全可靠运行。

（三）建立市场化、专业化和社会化的水利工程维修养护体系

在水利工程管理单位的具体改革中，稳步推进水利工程管养分离。具体步骤分三步：第一步，在水利工程管理单位内部实行管理与维修养护人员以及经费分离。将工程维修养护业务从所属单位剥离出来，使维修养护人员的工资计算方式逐步过渡到按维修养护工作量和定额标准计算。第二步，将维修养护部门与水利工程管理单位分离，但仍以承担原单位的养护任务为主。第三步，将工程维修养护业务从水利工程管理单位剥离出来，通过适当的采购方式择优确定维修养护企业，水利工程维修养护走上社会化、规范化、标准化和专业化的道路。对管理运行人员全部落实岗位责任制，实行目标管理。

五、水利工程管理手段现代化

（一）水利工程自动化监控与信息化

制定水利工程管理信息化发展规划和实施计划。积极探索管理创新，引进、推广和使

用管理新技术；引进、研究和开发先进管理设施，改善管理手段，提升管理工作科技含量；推进管理现代化、信息化建设，提高水利工程管理水平。

1. 推进水利工程管理信息化

依托信息化重点工程，加强水利工程管理信息化基础设施建设，包括信息采集与工程监控、通信与网络、数据库存储与服务等基础设施建设，全面提高水利工程管理工作的科技含量和管理水平。

建立大型水利枢纽信息自动采集体系。采集要素覆盖实时雨水情、工情、旱情等，其信息的要素类型、时效性应满足防汛抗旱管理、水资源管理、水利工程运行管理、水土保持监测管理的实际需要。

建立水利工程监控系统。用以提升水利工程运行管理的现代化水平，充分发挥水利工程的作用。

建立信息通信与网络设施体系。在信息化重点工程的推动下，建立和完善信息通信与网络设施体系。

建立信息存储与服务体系。提供信息服务的数据库，信息内容应覆盖实时雨水情、历史水文数据、水利工程基本信息、社会经济数据、水利空间数据、水资源数据、水利工程管理有关法规、规章和技术标准数据、水政监察执法管理基本信息等方面。

建立比较完善的信息化标准体系；提高信息资源采集、存储和整合的能力；提高应用信息化手段向公众提供服务的水平；大力推进信息资源的利用与共享；加强信息系统运行维护管理，定期检查，实时维护；建立、健全水利工程管理信息化的运行维护保障机制。

在病险水库除险加固和堤防工程整治时，要将工程管理信息化纳入建设内容，列入工程概算。对于新的基建项目，要根据工程的性质和规模，确定信息化建设的任务和方案，做到同时设计，同期实施，同步运行。

2. 建立遥测与视频图像监视系统

对河道工程，建立遥测与视频图像监视系统。可实时"遥视"河道、水库的水位、雨势、风势及水利工程的运行情况，网络化采集、传输、处理水情数据及现场视频图像，为防汛决策及时提供信息支撑。有条件时，建立移动水利通信系统。对大中型水库工程，建立大坝安全监测系统，用于大坝安全因子的自动观测、采集和分析计算，并在大坝出现异常时及时报警。

3. 建立水利枢纽及闸站自动化监控系统

建立水利枢纽及闸站自动化监控系统，对全枢纽的机电设备、泵站机组、水闸船闸启闭机、水文数据及水工建筑物进行实时监测、数据采集、控制和管理。运行操作人员通过计算机网络实时监视水利工程的运行状况，包括闸站上下游水位、闸门开度、泵站开启状况、闸站电机工作状态、监控设备的工作状态等信息，还可依靠遥控命令信号控制闸站闸门的启闭。为确保遥控系统安全可靠，采用光纤信道，光纤以太网络将所有监测数据传输到控制中心的服务器上，通过相应系统对各种运行数据进行统计和分析，为工程调度提供准确的实时信息支撑。

4. 建立水情预报和水利工程运行调度系统

建立洪水预报模型和防洪调度自动化系统。该系统对各测站的水位、流量、雨量等洪水要素实行自动采集、处理并进行分析计算，按照给定的模型做出洪水预报和防洪调度方案。

建立供水调度自动化系统。该系统对供水工程设施（水库蓄泄建筑物、引水枢纽、抽水泵站等）和水源进行自动测量、计算和调节、控制，一般设有监控中心站和端站。监控中心站可以观测远方和各个端站的闸门开启状况、上下游水位，并可按照计划自动调控闸门启闭和开度。

（二）水利工程维修养护的专业化、市场化

水管体制改革，实施管养分离后，建立健全相关的规章制度，制定适合维修养护实际的管理办法，用制度和办法约束、规范维修养护行为，严格资金的使用与管理，实现维修养护工作的规范化管理。

1. 规范维修养护实施

依据有关法规、规范、标准、实施方案、维修养护合同等进行维修养护工作，严格按照合同要求完成维修养护任务，确保维修养护项目的进度和质量，水利工程管理单位要合理确定维修养护内容，安排维修养护项目，主持项目的阶段验收、完工验收和初步验收，及时申请竣工验收，对维修养护项目质量负全责。

2. 规范维修养护项目合同管理

水利工程维修养护项目分日常维修养护和专项维修养护，日常维修养护合同根据工程类别及管理单位实际情况进行定期或不定期签订，专项维修养护合同根据项目情况签订。合同签订时，水利工程管理单位和维修养护企业要严格按照正规的维修养护合同文本进行，双方商讨并同意后签订维修养护合同，作为维修养护项目实施的依据。维修养护企业要严格按照合同规定履行维修养护职责，行使维修养护权力，按照合同约定的工期完成维修养

护任务。水利工程管理单位及时对合同的执行情况进行检查、督促，及时掌握维修养护项目的实施情况。维修养护项目竣工验收后，及时对合同的执行情况、合同存在的问题进行总结，为今后合同的签订奠定基础，使维修养护合同更加规范、完善。

3. 规范维修养护项目实施

项目实施过程中，维修养护企业应加强现场管理，牢固树立质量意识，严格控制项目质量，完善项目实施程序及质量管理措施，认真落实质量检查制度，及时填写原始资料，真实反映项目实施的实际情况。水利工程管理单位对实施情况要及时抽查，发现问题，然后及时责令维修养护企业加以整改，确保维修养护项目质量。主管单位适时进行检查、督促，促进维修养护项目的顺利实施。

4. 规范维修养护项目验收和结算手续

根据维修养护合同规定，工程价款一般按月结算，为此，工程价款结算前应对维修养护项目进行月验收，并出具验收签证，签证内容包括本月完成的维修养护项目工程量、质量及维修养护工作遗留问题，验收签证作为工程价款月支付的依据。季验收在月验收的基础上进行，主要对项目每季度完成情况和存在的问题进行检查；年度验收是对维修养护项目本年度的完成情况进行检查，查看项目实施过程中存在的问题，对维修养护项目的总体实施情况进行验收，为维修养护项目的结算和移交提供依据。

维修养护项目验收后，及时办理项目结算，对照维修养护合同进行审核，未验收或验收不合格的项目不予结算工程款。合同变更部分要有完备的变更手续，手续不全或尚未验收的项目，不进行价款结算。规范结算手续，确保维修养护经费的安全和合理使用。

5. 建立质量管理体系和完善质量管理措施

实行水利工程管理单位负责、监理单位控制、维修养护企业保证的质量管理体系。维修养护企业应建立健全质量保证体系，制定维修养护检测、检查、人员管理、结算等一系列规章制度，规范企业的行为，并采取有力措施，使之能够按照有关规定和维修养护合同完成维修养护任务，确保维修养护质量。监理单位应建立健全质量控制体系，按照监理合同和维修养护合同要求，搞好项目质量抽查，控制项目的进度、质量、投资和安全，及时发现和处理项目实施过程中出现的问题，保证项目的顺利实施。水利工程管理单位应建立质量检查体系，制定检查、验收等管理制度和办法，成立监督、检查小组，督促维修养护企业严格按照规定和合同进行项目实施，适时组织由项目建设各方参加的联合检查，发现问题，责令维修养护企业整改。项目建设各方相互协调、相互配合、相互监督，共同促进维修养护项目的顺利实施。

（三）水利工程管理制度化、规范化与法制化

1. 建立、健全各项规章制度

基层水利工程管理单位应建立健全各项规章制度，包括人事劳动制度、学习培训制度、岗位责任制度、请示报告制度、检查报告制度、事故处理报告制度、工作总结制度、工作大事记制度、安全管理制度、档案管理制度等，使工程管理有规可依、有章可循。制度建立后，关键在于狠抓落实，只有这样，才能全面提高管理水平，确保工程的安全运行，发挥效益。

水利工程管理单位应按照档案主管部门的要求建立综合档案室，设施配套齐全，管理制度完备。档案分文书、工程技术、财务等三部分，由经档案部门专业培训合格的专职档案员负责档案的收集、整编、使用服务等综合管理工作。档案资料收集齐全，翔实可靠，分类清楚，排列有序，有严格的存档、查阅、保密等相关管理制度，通过档案规范化管理验收。

同时，抓好各项管理制度的落实工作，真正做到有章可循，规范有序。

2. 建立严格的工程检查、观测工作制度

水利工程管理单位应制定详细的工程检查与观测制度，并随时根据上级要求结合单位实际修订完善。工程检查工作，可分为经常检查、定期检查、特别检查和安全鉴定。经常对建筑物各部位、设施和管理范围内的河道、堤防、拦河坝等进行检查。检查周期，每月不得少于一次。每年汛前、汛后或用水期前后，对水闸（水库、泵站、河道）各部位及各项设施进行全面检查。当水闸（水库、泵站、河道）遭受特大洪水、风暴潮、台风、强烈地震等和发生重大工程事故时，必须及时对工程进行特别检查。按照安全鉴定规定开展安全鉴定工作，鉴定成果用于指导水闸（水库、泵站、河道）的安全运行和除险加固。

按要求对水工建筑物进行垂直位移、渗透及河床变形等工程观测，固定时间、人员和仪器；将观测资料整编成册；根据观测提出分析成果报告，提出利于工程安全、运行、管理的建议；观测设施完好率达90%以上。

要经常对水利工程进行检查，加强汛期的巡查和特殊情况下的特别检查，发现问题及时解决，并做好检查记录。

3. 推进水利工程运行管理规范化、科学化

水库工程制定调度方案、调度规程和调度制度，调度原则及调度权限应清晰，每年制订水利调度运用计划并经主管部门批准，建立对执行计划进行年度总结的工作制度。水闸、泵站制订控制运行计划或调度方案，应按水闸、泵站控制运用计划或上级主管部门的指令

组织实施并按照泵站操作规程运行。河道（网、闸、站）工程管理机构制订供水计划，防洪、排涝应实现联网调度。

通过科学调度实现工程应有效益，是水利工程管理的一项重要内容。要把汛期调度与全年调度相结合，区域调度与流域调度相结合，洪水调度与资源调度相结合，水量调度与水质调度相结合，使调度在更长的时间、更大的空间、更多的要素、更高的目标上拓展，实现洪水资源化，实现对洪水、水资源和生态的有效调控，充分发挥工程应有作用和效益，确保防洪安全、供水安全、生态安全。

（四）做好社会管理工作，建立社会公众参与管理制度

建立完善依法、科学、民主决策机制，确定重大决策的具体范围、事项和量化标准并向社会公开，规范行政决策程序，细化公众参与、专家论证、合法性审查的程序和规则；全面推进政务公开，规范行政权力网上公开透明运行机制；建立健全法规、规章、规范性文件的定期清理、规范性文件审查备案、边界水事纠纷的协调等制度；规范执法行为，完善执法程序、规范行政处罚自由裁量权、推行执法公开制度，落实执法经费，提高执法质量和依法行政水平；推动水政监察信息化建设，严格查处各类水事违法行为，提高规费征收率，定期开展专项执法行动，完善水事矛盾纠纷预防调处机制，维护良好的社会水事秩序。

为提升社会公众参与度，需要做到：着力发展经济，夯实公众参与基础；加强思想教育，提升公众参与意识；强化制度建设，畅通公众参与渠道；转变政府职能，拓宽公众参与空间；发展社会组织，壮大公众参与载体；推进社区自治，筑牢公众参与平台。

六、水利工程管理队伍现代化

制定人才培养规划，改进人才培养机制及科技创新激励机制，加大培训力度，大力培养和引进既掌握技术又懂管理的复合型人才。采取多种形式，培养一批能够掌握信息系统开发技术、精通信息系统管理、熟悉水利工程专业知识的多层次、高素质信息化建设人才。

（一）创新管理机制，激发队伍活力

建立轮岗锻炼机制。从中层领导到普通员工，都要设置不同周期、不同维度的轮岗路线，在保障中心工作正常运转的条件下，让干部职工接受更多的锻炼。在通过轮岗提高队伍综合能力的同时发现人才，让合适的人去适合的岗位工作。

建立人事管理机制。不唯上、只唯实，突出人力资源配置中市场化调节的作用，通过建立健全科学规范的人才招聘、选拔、考核、奖惩等闭环管理制度，建立起一套完整的动态管理机制，努力做到人尽其才、才尽其用。

（二）创新培训机制，提升队伍素质

创新培训机制。实行"学分制"教育培训，根据不同岗位、不同工作年限等设置不同的学分标准，并将学分与年度考核挂钩。

丰富培训方式。开展课题研究式学习，通过问题牵引、课题主导的方式，集中力量破解突出矛盾和现实难题；开展开放式学习，通过外请辅导、联系走访等形式，不断拓宽视野、开阔思路，激发学习的能动性；开展互动式学习，通过讨论辨析、访谈对话等形式，开展头脑风暴互动交流，搭建交流学习平台；开展自学式学习，建立网络学习课堂，将培训教材及相关文件传至网络平台，由员工根据自身实际进行自主学习。

实行分层培训。在培训工作中突出"专"字，更兼顾"博"字，将培训课程分为"必修课"和"选修课"两个层次。必修课主要讲解行业方针政策、业务理论等基础知识，重点提高队伍专业水平；选修课为行业先进建设理念、发展探索成功经验以及职工个人兴趣爱好等，重点增强队伍知识储备，提升员工综合素质。

（三）创新激励机制，增强队伍动力

建立层级分配体系。逐步打破用工身份限制，采取层级分配的形式解决用工形式不统一的难题。将人员细分层级，不同层级设置不同工资标准和晋升条件，根据员工现有工资情况划转至不同层级，定期根据工作表现对层级进行升降，实现员工收入的动态管理。

完善人才测评方式。既注重人才的显性绩效，又注重人才的隐性绩效，采取全方位测评方式系统考核人才。在实行日常考核与年度考核相结合、量化考核与定性考核相结合的同时，参考上级、下级、同部门与跨部门同事、服务对象等人员的综合评价，提高人才测评结果的准确性和全面性。同时，加强考核结果的运用，将测评结果与员工层级进行挂钩。

建立竞争上岗机制。对管理岗、关键岗进行公开竞争，挖掘、激发员工潜力，增强员工危机意识，营造"能者上、平者让、庸者下"的良好竞争氛围。

第三节　水利工程管理现代化评价指标体系

一、水利工程管理现代化评价体系基本框架

（一）指标体系构建原则

反映水利工程管理现代化单项特征的指标比较多，有些指标相关性很强，有些指标虽

然重要，但不易取得准确数据，为了能够客观、准确而且比较全面地反映水利工程管理现代化建设发展水平，在确定指标体系时遵循以下基本原则。

1. 先进性、系统性与可行性相协调的原则

评价指标体系应充分反映水利工程管理与经济社会发展相协调并适度超前的要求，体现先进性，并综合反映水利工程管理现代化建设各方面要求，同时要充分考虑实施的可行性。

2. 定量和定性相结合的原则

评价指标应尽可能量化，增强指标的科学性和可操作性，尽可能利用现有统计数据和便于收集到的数据，对于不能统计收集到数据的指标及数据模棱两可的指标暂不纳入指标体系。

3. 强制性与灵活性相结合的原则

指标体系应能灵活反映不同水利工程的管理现代化水平，根据评价指标体系重要程度，采用强制性指标与一般性指标，体现水利工程管理现代化的重要特征和一般特征。

4. 层次性与可比性相结合的原则

评价指标体系应具有层次性，能从不同方面、不同层次反映水利工程管理现代化的实际情况。评价指标体系按三级指标设立，同一级内各指标应具有可比性，达到动态可比，横向可比，以便确定权重。

5. 代表性与全面性相结合的原则

评价指标体系应反映大中型水利工程管理特点及建设要求，既要全面、科学、系统地体现水利工程管理现代化的整体情况，又要具有一定的代表性，避免评价指标内涵的重复。

6. 可操作性和导向性相结合的原则

评价指标体系最终要对具体工程进行评价，因此，指标体系的内容应该简单易懂，所需资料应该便于评价人员收集、整理、归纳，计算过程简单明了，具备快速、方便实现评价水利工程管理水平的可操作性，同时指明已建水利工程在管理上的不足和可发展空间，为水利工程管理现代化未来发展的趋势提供思路。

（二）评价指标体系的组成项目

根据以上原则，参考国内外已有水利工程管理现代化评价指标体系，结合水利工程管理现代化建设目标及水利工程管理特点与现状，把确定能够反映水利工程管理现代化的五个一级指标作为准则层，并下设若干二级指标与三级指标，构成水利工程管理现代化评价"五大指标体系"，具体包括：

（1）水利工程规范化管理体系。

（2）水利工程设施设备管理体系。

（3）水利工程信息化管理体系。

（4）水利工程调度运行及应急处理能力体系。

（5）水生态环境管理体系。

这五个方面的评价方法可分为定性评价和定量评价两类。定性评价全面，但人为因素较多；定量评价客观且人为因素较少，数据来源稳定。定性评价为水利工程规范化管理体系、水利工程设施设备管理体系、水利工程信息化管理体系、水利工程调度运行及应急处理能力体系。定量评价为水生态环境管理体系。这五大指标体系又称为一级指标体系，在各组成项目属下再分解为若干二级评价指标与三级指标。二级评价指标合计54项，三级指标合计205项。

（三）评价指标体系中的二级指标

1. 水利工程规范化管理体系

（1）组织管理

（2）安全管理

（3）运行管理

（4）经济管理

2. 水利工程设施设备管理体系

（1）堤防工程

①堤防断面

②堤顶道路

③堤防防护工程

④穿堤建筑物

⑤生物防护工程

⑥排水系统

⑦观测设施

⑧管理辅助设施

（2）水库大坝

①坝身断面

②坝顶道路

③大坝防护工程

④生物防护工程

⑤排水系统

⑥观测设施

⑦管理辅助设施

（3）水闸工程（含水库泄洪闸、泄洪洞）

①闸门

②启闭机

③机电设备及防雷设施

④土工建筑物

⑤石工建筑物

⑥混凝土建筑物

⑦观测设施

（4）泵站工程

①主机泵

②辅机系统

③高低压电气设备

④机电设备及防雷设施

⑤闸门

⑥启闭机

⑦土工建筑物

⑧石工建筑物

⑨混凝土建筑物

⑩观测设施

（5）灌区工程——渡槽

①土工建筑物

②石工建筑物

③混凝土建筑物

（6）灌区工程——倒虹吸

①闸门

②石工建筑物

③管身建筑物

④零部件

3. 水利工程信息化管理体系

（1）信息基础设施

（2）水利信息资源

（3）业务应用系统

4. 水利工程调度运行及应急处理能力体系

（1）指挥决策科学化

（2）应急处置规范化

（3）防汛抢险专业化

（4）涉河事务管理

5. 水生态环境管理体系

（1）水土流失治理

（2）水质达标管理

（3）环境管理

（4）绿化管理

二、评价方法、步骤及标准

（一）评价方法

与评价指标体系三级结构相适应，对水利工程管理现代化建设水平和效果的评析分三级进行，并在此基础上对总体建设水平进行评价。

1. 定性指标评价

对于定性考核内容，根据水利工程管理实践和现代化建设情况，对照水利工程管理现代化评价指标体系中的定性指标内涵，对水利工程管理现代化建设进展做分析评价，依据评价意见确定"定性指标达到等级"。定性指标分为五级：优秀、良好、一般、合格、不合格。相应分值如下：0.9～1.0、0.8～0.9、0.7～0.8、0.6～0.7、0.4～0.6。按照指标达到等级所确定的分值被定义为该指标的实现程度。

2. 定量指标评价

对于定量考核内容，根据水利工程管理实践和现代化建设情况，对照和应用水利工程管理现代化评价指标体系中的定量指标定义，对水利工程管理现代化建设进展做分析评价，计算测定"定量指标现状值"。此外，依据水利工程管理现代化建设目标，参照相关规定、规划和科学研究成果确定"定量指标目标水平"，或根据专家意见汇总确定。在确定指标的目标水平并根据指标定义测定指标现状值的基础上，以"现状值/目标水平"作为该指标的实现程度。

3. 合理缺项说明

针对具体的管理单位，有合理缺项，缺项指标不赋分，相应的目标水平值中同时减去该项分值。

4. 分层级综合评价

二级指标评价方法：根据三级指标的考核值、指标权重的综合，采用算术加权法，确定二级指标的考核分值，对二级指标的建设水平进行评价。

一级指标评价方法：根据二级指标的考核值相加，确定一级指标的考核分值，对一级指标的建设水平进行评价。

综合水平评价方法：根据一级指标的考核值、指标权重的综合，采用算术加权法，确定系统总体的综合实现程度，对该体系综合建设水平进行评价。

（二）评价步骤

（1）选择评价指标和权重。针对不同类型和功能的水利工程，可对指标选择有所取舍，而且指标的权重也应区别确定。

（2）确定定量指标的目标水平。目标水平值的确定是对定量指标进行评价的基础，并带有特定社会发展阶段的技术水平、经济水平和价值取向的特征，兼具阶段性和地域性。因此，对定量指标确定目标水平值，是在评价过程中需要处理的一个重要环节。

（3）对三级指标进行评析、考核。在评价指标体系中，三级指标是具体的考核对象，对定性指标可根据其内涵进行考核以确定达到等级，对定量指标可根据其定义直接进行计算求得。在此基础上，确定各三级指标的实现程度。

（4）对二级指标进行评析、考核。二级指标是根据下一级各指标（三级指标）的考核结果、权重进行加权平均计算得到的。在此基础上，确定该二级指标的实现程度。

（5）对一级指标进行评析、考核。一级指标是根据下一级各指标（二级指标）的考核结果进行相加而得到的。在此基础上，确定该一级指标的实现程度。

（6）对系统总体进行评价。系统总体指标是根据下一级各指标（一级指标）的考核结果、权重进行加权平均计算得到的。在此基础上，确定系统总体的综合实现程度。

（7）分级评价和综合评价的关系。综合评价是对水利工程管理现代化建设水平和效果的高度概括，但不能反映具体的不足之处；从综合评价到一级指标评价，再到二级指标评价、三级指标评价，是逐步分解、分析的过程，存在的问题也逐渐明朗。因此，从衡量建设目标实现情况和指导今后建设发展方向角度出发，分级评价更切合实际，也更重要。

（三）评价标准

将水利工程管理现代化建设进程划分为三个阶段：初步实现→基本实现→实现。拟定了不同阶段的现代化评价标准，初步实现，水利工程管理现代化要求系统总体的综合实现程度达到 85% 及以上；基本实现，水利工程管理现代化要求系统总体的综合实现程度达到 90% 及以上；实现，水利工程管理现代化要求系统总体的综合实现程度达到 95% 及以上，同时二级指标也提出了指标要求。

<PART FIVE>

第五章

水资源可持续利用

第一节　我国水资源态势

我国水资源从总量上看较为丰富，这是中华民族存在和发展的重要条件之一。但人口多、水资源分布不平衡，人均占有量并不丰富。认识这一水资源国情，对于优化水资源管理具有重要的指导意义。

一、水资源的概念、特征、地位

（一）水资源的概念

水资源概念从广义上讲，包括海洋水、地下水、河川水、湖泊水、沼泽水、冰川、永久积雪和永冻带底冰、土壤水、大气水和生物水等，但这些水体中能被人类直接使用的量很少。所以，通常人们所说的水资源，主要是指现有技术经济条件下可以被人类所利用的淡水资源，尤其是指江河湖泊地表水和浅层地下水部分，即狭义的水资源概念。

（二）水资源的特征

1. 狭义水资源是一种再生性资源，它可以不断循环更新和再生，但在特定地区或特定使用地点可以被耗光用尽。

2. 它具有重复利用的特性，一水可以多用，并且重复利用的次数越多，单位价值就越大。因此，在相同的供水条件下，水的实际使用量和价值量是不固定的。

3. 水资源具有独特的物理、化学性质，从而决定它是人类必需的一种不可替代的"稀缺"资源。

4. 它的时空分布极不均衡，这就决定了它有一大部分不可能被人类利用，从而失去资源的使用价值。

（三）水资源的地位

自然资源是指在自然环境中能够用来造福人类的自然物质和自然能量。按其开发利用和更新的特点，可划分成以下三类：

1. 无限资源（恒定性资源）

如太阳能、潮汐能、风能、空气、海洋水、冰川等，这类资源是取之不尽、用之不竭的，几乎不因人类活动而发生变异，完全枯竭的概率小。

2. 有限资源（消耗性资源或非再生性资源）

这类资源一经耗尽就无法再生。各种矿物资源属于这一类资源。

3. 再生资源（可更新资源）

这类资源主要是生物和以动态形式存在的资源，如各种动植物、微生物及其与周围环境组成的各种生态系统。我们常说的狭义水资源，如地表和地下的淡水就属于这一类，它在适宜的自然环境中与合理的经营管理条件下，可以不断循环更新和再生，如果人类管理得当，这类资源可以用之不竭；如果管理不当，它们就有遭到破坏或被耗尽的可能，从而给人类带来不利的社会经济后果。因此，这类资源是人类当前应该重点保护和合理使用的重要资源。

水资源与空气、阳光、土地一样都是人类生存、发展不可缺少的一种自然资源，其是生命的摇篮、工业的血液、农业的命脉、城市发展的基础。

二、我国水资源的基本态势

（一）水资源的地区分布和人均状况

我国水资源总量从数量上讲是不少的，但人均占有量却不大，加之时空分布的不均衡性，使得我国常发生洪涝灾害，许多地区和城市缺水程度比较严重。

从我国的 31 个省、区、市来看，水资源量以西藏最为丰沛，达 4 482 亿立方米，接着是四川、云南，均超过 2 000 亿立方米，最小为宁夏，仅 10 亿立方米。天津、上海、北京均不及 100 亿立方米，中位数是青海，为 626 亿立方米。水资源量较大的省、区、市多集中在我国西南和华南一带，华北则均较贫乏。人均占有量以西藏最多，达 196 580 立方米，该地区属人烟稀少、水资源量特丰地区，其人均占有量是全国人均占有量的八十多倍。其次为青海，达 13 580 立方米，为平均值的五倍多。云南、新疆人均占有量超过 5 000 立方米。人均占有量最小为天津，为 160 立方米，仅为平均值的 6.7%，宁夏、上海为平均值的 8.3%，中位数是黑龙江，为 2 120 立方米，比平均值小 11%。

我国水资源并不丰富，年均水资源总量为28 124亿立方米，其中河川径流量是27 115亿立方米，为世界径流总量的5.8%。水资源总量居世界第六位，人均占有量却排在世界第

100位后。人均年水资源占有量2 300立方米，相当于世界平均水平的1/4，亩均水资源量为1890立方米，约为世界平均水平的3/4。我国水资源主要来自大气降水，受季风环流、海陆分布和地形的影响，年降水量的空间分布具有从东南沿海向西北内陆递减的规律，年降水量由1600毫米递减至50毫米在时间分布上，降水量主要集中在汛期6—9月，东南部地区汛期降水量占全年降水量的60%~70%，其他地区占全年的70%~80%，降水时间的集中程度具有从沿海向内地越来越大的规律，降水量的年际变化也很大，水资源时空分布不均匀，从沿海向内陆水资源量越来越少。我国自古以来经济以农业为主，水资源开发利用的目的主要是满足农业发展的需要。但由于水土资源组合不平衡，时间分配上与农作物的需水要求不同步，且水资源自身的随机变化等致使旱灾不断。

（二）我国水资源在世界中的排名

与世界各国相比，我国用水总量仅次于美国，居世界第二位。在世界各大洲中，亚洲、非洲水资源最紧张。亚洲人均水量不足世界人均值的一半，而且亚洲的河川径流量最不稳定。我国水资源总量、河川径流总量均次于巴西、俄罗斯、加拿大、美国、印度尼西亚，居世界第六位，而人均占有量仅约2 300立方米，居世界第100位后。

三、我国水资源的基本特点

（一）人均分布特点

我国国土面积约1 000万平方公里，居世界第三位，仅次于俄罗斯和加拿大。在这广阔的土地上，多年平均降水总量为61 889亿立方米，水资源总量为28 124亿立方米，河川径流量为27 115亿立方米，居世界第六位，仅次于巴西、俄罗斯、加拿大、美国和印度尼西亚。从总量上讲，丰沛的水资源，辅之以许许多多的有利条件，才使占世界人口约1/4的我国得以发展壮大。尽管水资源总量不少，但人口众多，人均占有水量仅为2300立方米，约占世界人均水量的25%，比加拿大、巴西、印度尼西亚、俄罗斯、美国低很多，仅与印度相当。单位耕地面积的占有水量仅为世界均值的75%，远低于印度尼西亚、巴西、加拿大、日本等国。当前，我国以全球陆地6.4%的国土面积和全世界7.2%的耕地养育着全球约25%的人口，使得我国水资源态势十分严峻。

我国谷物单产非常高，水量利用很充分。就谷物单位产量所占有的水量来分析，我国每公斤谷物占有水量为7.6立方米，仅为世界平均水平的30%，这也说明我国水资源总量比较大，虽人均、公顷均水量低，但谷物单产量所占有的水量却是充足的。我国水资源利用程度总的说来是不够高的。21世纪初期，水资源利用率约为16%，用水总量约为4 430亿立方米，人均用水量为450立方米，而农业用水所占的比重高达88%，明显地表现出我国以农立国的基本方针，城镇生活用水水平低，反映了我国水资源利用的特点。

（二）地区分布特点

我国水资源量的地区分布与人口和耕地的分布很不相称。南方四片面积占全国总面积的 36.5%，耕地面积占全国的 36.0%，人口占全国的 54.4%，但水资源总量却占到全国的 81.0%，人均占有水量为 4 180 立方米，约为全国均值的 1.6 倍，公顷均占有水量为 275.3 立方米，为全国均值的 2.3 倍。其中，西南诸河片水资源丰富，但多高山峻岭，人烟稀少，耕地也很少，人均占有水资源量达 38 400 立方米，约为全国均值的 15 倍，公顷均占有水量达 1 453.3 立方米，约为全国均值的 12 倍。辽河、海滦河、黄河、淮河四个流域片总面积占全国的 18.7%（扣除黑龙江流域片），相当于南方四片的一半，但水资源总量仅有 2 702.4 亿立方米，仅相当于南方四片水资源总量的 12%。辽河、海滦河、黄河、淮河流域这四片大多为平原，耕地很多，占全国的 45.2%，人口密度也较高，占全国人口的 38.4%。其中以海滦河流域最为突出，人均占有水量仅有 230 立方米，为全国均值的 16%，公顷均占有水量仅有 16.7 立方米，为全国均值的 14%。辽河、海滦河、黄河、淮河四片与长江、珠江两片相比较，前四片耕地面积为后两片的 146.8%，而人口为 84%，土地面积为 74.5%，但水资源量仅为 18.8%，人均水量为 22.4%，公顷均水量仅为 12.8%。

在我国各地，由于水资源、土地资源和光热条件的组成不同，大体上可概括为：东北地多，水相对不少，但光热条件较差；西北地多，光热条件尚好，但水少；东部北方土地较多，光热条件也较好，但水不多；东部南方水多，光热条件很好，但土地资源较少。水资源在地区上分布不均衡的特点表现在水能资源分布上也不均匀。从水能资源看，水资源丰沛的地区大多属于山丘区，这就具备了水能蕴藏的条件。据我国水力（能）资源普查报告，我国水能蕴藏量为 6.8 亿千瓦，居世界第一位，年发电量为 5.9 万亿千瓦时，可能开发水能资源总装机容量为 3.8 亿千瓦，年发电量为 1.9 万亿千瓦时。

再从内河航运看，我国许多大江、大河、湖泊和水库为发展航运提供了良好的条件，在我国流域面积为 100 平方公里以上的 5 万多条河流中，通航河流 5600 余条。长江、黄河、珠江、淮河、黑龙江、辽河、钱塘江、闽江、澜沧江等巨大水系构成了航运交通的干线，1700 多公里的京杭大运河沟通了黄河、海河、淮河、长江和钱塘江五大水系。除东北、华北少数地区河流每年有封冻停航期外，其他水系均能常年通航。从水资源分布的情况看，淮河、秦岭以南地区属我国湿润地带，其水运资源是利用得比较好的，这一地区的长江、淮河、珠江三个水系的通航里程占全国的 82.3%，内河货运量占全国的 96.4%。水运具有运量大、成本低、投资省、占地少、污染小等经济与社会效益，结合水资源地区分布的特点，对其有效地加以综合利用，是促进我国国民经济发展的重要举措。

水资源的分布对国民经济的布局影响很大，但又不能完全决定国民经济的布局。解决缺水地区的水资源问题，解决欠发达地区的水电问题，将是保证我国国民经济长期稳定发展的基本措施。远距离跨流域调水、长距离输电势在必行，调水规模和水能开发规模应随着国民经济的发展和科学技术水平的提高而不断加大。

（三）时程分布特点

我国水资源在时序分配上与降水量密切相关。从总体情况分析，基本上是雨热同季。东北、华北和西南、川、黔、滇等地年降水量为400～1000毫米，其中夏季占40%～50%，这对水稻生长及秋季作物的需水相当有利，可使农业生产尽量利用天然降水，减少水资源供水负担。但是，我国北方春季3至5月降水量在年降水量中所占比重只有10%～20%，往往不能满足大部分地区小麦等冬春作物的需水要求。同时，由于季风气候的特性，降水量不但年际间离差较大，即使在夏季雨热同季之间，也常有错前移后，不能完全适应农作物生长的情况，还必须有一定的水量调节和农业供水措施，以提高农业用水的保证率。我国大部分地区受季风影响明显，降水量的年际和季节变化都很大，而且干旱地区的变化一般大于湿润地区，这些特点与用水要求有一定矛盾，给社会和人民生活带来许多不安定因素。我国南部地区最大年降水量一般是最小年降水量的2～4倍，北部地区一般是3～6倍。多数地区雨季为4个月左右，南方有的地区长达6至7个月，北方干旱地区仅有2至3个月。全国大部分地区连续最大4个月降水量占全年降水量的70%左右，南方大部分地区连续最大4个月径流量占全年径流量的60%左右，华北平原和辽宁沿海地区可达80%以上。在我国水资源总量中，有2/3左右是洪水径流量即不稳定径流。因此，汛期虽水多而往往不能加以利用，冬春季却又不能满足用水要求。采取工程措施使部分洪水转化为可用的水资源，是减轻洪涝旱灾并缓解水资源在地区上和时间上分布不平衡的有效办法。降水量和径流量年际间的悬殊差别和年内高度集中的特点，不仅给开发利用水资源带来了困难，也是水旱灾害频繁的根本原因。我国土地面积大，各地气候悬殊，水资源年内、年际变化大，每年总有一些江河发生洪水灾害，并有一些局部地区发生特大洪水灾害，局部洪水灾害影响当地的经济发展，而大江大河的全流域洪水灾害则影响整个国民经济的发展。水灾既包括洪灾又包括涝灾，洪涝灾害不易划分清楚。尽管历代劳动人民在抗旱、防洪斗争中取得了卓越的成绩，但降水量和径流量年内、年际变化剧烈这一自然特性决定了水旱灾害将是长期威胁国民经济稳定发展的主要自然灾害。兴建水利，治理江河，抗旱、防洪、排涝，始终是我国人民的一项艰巨任务。

第二节　水资源开源节流

　　我国水资源总量不算少，但因人口众多，人均占有水资源量很少，只有世界人均水资源占有量的1/4。水资源在地区和时间上分布极不均匀，华北、西北地区水资源更为紧张。工业和农业的发展都需要增加用水，人民生活水平的提高也需要增加用水，水的供应将成为我国经济建设的制约因素。水资源是我国的稀缺资源，它的重要性不亚于能源、交通和原材料等，在有些地区甚至更为重要。

　　水资源危机已危在旦夕。而现实情况是人们对水资源危机认识不足，总以为水是自然资源，是可以无限供给的资源。"宁未雨而绸缪，毋临渴而掘井。"水资源问题将越来越困扰着21世纪经济的发展，开发、利用、保护、配置好水资源将是我国经济实现有序运行的重复保证。

一、开新水之源

（一）开发"水的银行"

　　水库被称为"水的银行"。大建水库，蓄水保源是开源的重要途径。目前，全国已建成各类水库9.8万多座、总库容8 983亿立方米。由于干旱，植被减少，造成水库、湖泊干涸。为此，防止水库、湖泊干涸，对病险水库加固与维修已是一项迫在眉睫的重要任务。同时，集中财力多建一些新库，扩大库容，截留雨水，多蓄水，也是开新水之源的重要途径。

　　长期以来，考虑扩大可靠水源的方法是筑坝蓄水、跨流域引水或开采地下水。全世界水库蓄水总量约20 000亿立方米，占平均稳定年径流量的17%。这些库容大部分是20世纪中叶筑坝取得的。在全球最大的100座坝中仅有7座是在20世纪40年代以后建成的。与此相应的是，许多工业发达国家条件优越的坝址已逐渐减少，修建新水库的投资急剧上升。

　　在欧洲，由于气候条件和地形条件比较有利，一般不需要修建大水库，由于用水量增加，许多欧洲国家在过去10年内计划大量增加水库库容，但联合国欧洲经济委员会考虑到这些工程造价高昂，对这些计划的合理性表示怀疑。

　　在发展中国家，大坝建设与发达国家相比落后数十年，在近十年内全世界修建的高度在150米以上的大坝中，2/3属于第三世界，但也遇到一些投资较高、规划不当以及环境影响等问题。

　　全世界每年有1 130万公顷森林被滥伐掉，主要集中在第三世界，从而减少了第三世界稳定的径流量，虽然减少的程度难以定量，但很可能将会抵消用大量投资修建的大坝和水库所增加的径流量。因此，在修建大坝的同时，必须注意防止滥伐森林，防止水土流失，防止土壤内涝和盐碱化，这样才能充分发挥筑坝效能，开发好"水的银行"。

（二）植树造林、涵养水源

森林可以涵养水源，增加雨量，减少洪灾，防止干旱。植树造林是养水的最好途径。

（三）综合利用雨水

雨水利用是一种经济实用的技术，可以产生巨大的环境及生态效益，特别是对半干旱、半湿润缺水地区尤为重要。雨水收集和利用范围很广，在生活供水方面，雨水利用尤其适合不宜集中供水的城郊以及缺乏淡水的海岛地区、边远山区等；在农业用水方面，保水梯田及雨水集流灌溉、雨养农业等都是雨水利用的传统手段；在城市地区，雨水集蓄可用于城市卫生、备用水源、环境绿化、水面景观等方面。雨水利用大多不消耗能源，是无污染的生态保护措施，也是 21 世纪水资源开发的发展趋势。大气降水是比较洁净的淡水，水资源可以直接利用，由地表渗透还可以改善水循环，它的径流还是江河湖塘水的主要来源。但由于雨季降水量集中，目前拦蓄利用的程度较低，大部分的丘陵、山区未搞截流和拦蓄，造成了水资源的浪费。综合利用雨水资源新途径大致有：改进市政建设，城市要留有一定比例不被建筑物覆盖的土地，种养花草，渗蓄地下水。同时，地面要用透水性好的建筑材料来代替现在广泛使用的水泥、沥青，使雨水能够渗入地下；地下排水道要改变以往只排不蓄为排、蓄、渗、灌结合，相应地建设地下蓄水窖；城镇要将建设回灌井、窖、池列入建设预算，规划设计中把就地回灌列入正式设计内容，并付诸实施。对此，水资源管理部门有权监督，凡未有回灌措施的设计，水资源管理部门应停止其筹建；建立城镇卫星水库，在城镇周围选择适宜地点建立地上水库，把城镇就地蓄渗不下的水拦蓄起来。卫星水库是整个城镇建设规划的组成部分，建设资金由城镇各单位按用水比例筹集。掌握气候变化对水资源的影响，研究旱涝规律，积极开展人工降雨，将天上的云转变成地上的水。增加地面植被覆盖，改善生态环境，防止水土流失，改善区域小气候条件，增加蒸腾量以及降水机遇。

（四）截污水之源

一般说来，城市排放的污、废水中有 40% ~ 50% 为工业部门的冷却水，其特点是水质较好，只需降温处理即可循环再用，还有 20% 左右为洗涤水和冷凝水，一般不需要太多的处理也可以回收利用。城市污水不能直接进入水体，经污水厂处理后方可达标排放，应尽量减少污水与污染物的产生量及排放量。截污水之源就是增净水之源。重复利用工业废水和生活污水是节约用水的一项重要措施。目前，世界上大多数城市已修有汇集城市污、废水的管路，经过二级处理可用于工厂空调冷却、农田灌溉和美化环境用水，实现了"污水资源化"。

（五）开发城市水源

要大力发展城市供水事业，特别是城市供水水源基础产业。虽然近几年国家先后兴建了引滦济津、引黄济青、引碧入连、引青济秦等重要城市供水水源工程，缓解了天津、青岛等一些城市的供水紧张状况。但是，城市水源建设总的速度和力度还不够。城市供水建设首要的任务是搞好建设难度大、周期长、投资多、超前性强的供水水源工程。在供水水源建设资金上，实行多渠道、多层次、多方式筹集，建立供水工程建设开发和维修改造基金，保证供水设施建设资金落实到位。在利益分配上，坚持"谁投资、谁受益"的原则，表现在收取水费和其他费用上要按照价值规律，改革水费征收政策，明确供水企业的权利和义务，保证水利企业的合法权益，使供水事业走向良性循环，实现水资源的可持续利用。

二、节用水之流

（一）树立节水观念

人类永续繁衍的必要条件是水资源的可持续利用。特别是我国人均年径流量仅为世界的 1/4，不少地区严重缺水，更需要重视水资源的可持续利用。黄河自 1987 年以后，几乎连年出现断流，其断流时间不断提前，断流范围不断扩大，断流频次、历时不断增加，呈愈演愈烈之势。其原因虽与近年来降雨偏少，用水量增大，水库调节能力低，管理调度不统一，以及生态环境恶化等因素有关外，另一主要原因是水价太低。如宁夏、内蒙古、河南、山东四省（区）的引黄灌区水费每立方米仅 0.006 ~ 0.040 元，河套灌区水费每立方米仅 0.023 元，而渠首水费更低，下游引黄渠首 1000 立方米黄河水的水价仅相当于一瓶矿泉水的价格。这种严重背离价值规律的低廉水价，无法唤起人们的节水意识，树立节水观念。

（二）强化节水意识

目前我国一方面水资源紧缺，另一方面水的浪费又十分严重。仅城市统计数据，浪费的水为供水量的 10% ~ 15%。因此，必须把节约用水作为水利事业的一项重要内容常抓不懈。城市发展所需用水不可能也没有条件完全由增加供水来解决，很大一部分需用水必须通过节约用水来解决，节约用水是实现城市水资源可持续利用的重要措施。要强化节水意识，加大舆论宣传力度，让公众了解水的有限性和不可替代性，认识水资源紧缺的严重性，树立强烈的节水意识，形成良好的节水风尚。要制定行之有效的配套政策和措施，向管理要效益，坚决杜绝水的"跑、冒、漏、滴"现象。要实行计划用水，制定合理的用水定额，调整水价，改定量收费为计量收费，超额部分加价收费等，利用经济手段促进节约用水。对工业用水要通过技术改造，推广节水工艺、节水器具，提高水的重复利用率。对各类用户要建立节水统计考核制度，加强节水管理，推广节水技术，逐步建成节水型工业、节水型城市，建立节水型社会。要结合当地水资源特点进行投资的技术经济分析。一般地说，节水所需投资及改造比开源要少，时间也快，涉及的经济关系较为具体，易于通过经济手段加以调节。所以，应该优先发展节约用水，这方面国外的节水经验值得借鉴。工业节水要遵循用水、重复用水和节水相结合的原则。要节约用水必须采用节水的流程和技术，更换和增加设备，要将节水措施列入技术经济论证的影响因素加以分析研究。农业是用水大户，要节约用水必须有先进的灌溉设施和技术，有效地控制土壤水以满足农作物的生长需要。要重视土壤水运动、土壤学与农作物生长学的结合，建立科学研究的前沿阵地，将先进的科学技术与传统的管道输水和地下灌溉、渠道衬砌、节水灌溉制度以及经济调节手段等结合起来，研究农业节水的综合措施。

（三）依靠科技进步节水

节水的根本出路在于依靠科技进步。向科技要潜力。通过技术改造，采用新工艺、新技术、新设备，走高科技、低消耗的集约型经营之路，我国的水资源可持续利用才会有新发展。建立水资源信息系统。利用卫星、遥感、计算机等高科技手段，依靠地理信息系统、专家系统的支撑，实现水资源的动态管理。培养专门人才。必须有计划地通过各种形式的教育、培训，加强水资源开发和管理研究的专业人才队伍建设，实施水资源的可持续利用发展战略。加大节水科研力度，加大科研投入，研究开发出更完善的节水技术、节水器具，把节水技术、节水产品的开发作为新产业来规划，建立设计、推广、应用"一条龙"的节水质量管理体系。筹集节水科研开发基金，在节水政策和技术推广上给予一定的政策倾斜，使其更具发展潜力。沿海经济发达城市应研究开发利用海水淡化技术，以补充日益紧张的淡水资源。加快废水资源化研究应用的步伐，提高水的重复利用率。我国城市废水日排放量已达 6 800 万立方米，如实行废水资源化，废水净化处理后再用，既能缓解城市用水紧张的矛盾，又可防止污染，保护生态环境，具有明显的社会、经济、生态效益。

（四）建立水资源经济体系

我国农业粗放式的灌溉体系使水资源的浪费极为惊人，若有效利用率提高 15%，每年可节约用水量 600 亿立方米，这比一条黄河一年的水流量还要多。我国在发展集约化农业的同时，应因地制宜地发展滴灌、喷灌技术或采用更先进的高新灌溉技术，尽量减少水的浪费，依靠高新技术彻底改造化工、造纸、石油、冶金等耗水型工业体系；开发绿色工艺新技术以提高原料转化率，减少污水与污染物的排放量；根据水资源的分布及其变化规律，适时调整生产力布局，保证稀缺水资源的协调发展。因此，建立高质优效的水资源经济体系至关重要。

（五）建立节水型社会

从我国现实情况看，水资源浪费是造成水资源紧缺的重要原因之一，我国每年因为缺水影响产值达千亿元以上，为此，必须合理调整水价，开展全民性节水教育，实施全方位、多层次的节水措施，建立节水型社会。

第三节　水资源费征收管理

由于水资源短缺，必须强化水资源的管理。在水资源管理工作中，水资源费征收是重要的管理手段。

一、水资源费征收特征

水资源费与水费有本质的区别。水费是由于供水过程中存在物的投入和人的劳动，按照马克思主义政治经济学观点，劳动需要补偿，这种补偿是通过水费实现的，所以水费的本质是商品交换，属于商品交换范畴。而水资源费的征收并不是为了劳动补偿，水资源本身是大自然造就的，它不是劳动产品，更谈不上商品，因而也谈不上商品交换。水资源费征收是一种管理措施，属于行政管理范畴。水资源费也不能混同于国家税收。税收是国家为了实现其职能，按照法律规定无偿取得财政收入，从而对国民经济进行宏观调控的一种国家行为。国家税收也是国家进行资金积累的重要手段，而国家征收水资源费并不是为了积累资金。税收理论解释税收的另一层含义是调节生产利润，也就是级差地租理论，即自然条件好多收税，自然条件差少收税。如果按级差地租理论收水资源费，则水资源越丰富、开发条件越好则水资源费收费标准应越高；反之，水资源费收费标准应越低。而实际情况正好相反、水资源条件越好收费标准越低，水资源条件越差收费标准越高。可见水资源费区别于税收。水资源费与水费和税收也有共同之处。无论是水资源费还是水费，最终都是由用水者负担，共同的本质是用水缴费。无论是水资源费还是税收，都涉及用水单位的经济利益，都要参与企业的利润再分配，而且水资源费、税收以及水利行业的其他行政事业性收费，如河道管理费、采矿管理费、水土流失防治费等都是国家政体的体现，都是凭借国家的政治权力来完成的。

二、水资源费征收的必要性

征收水资源费是水资源管理的重要措施，我国属水资源贫国，全国多年平均水资源总量约 28 000 亿立方米，人均年占有量约 2 300 立方米，相当于世界人均年占有量的 1/4，加之水资源的时空分布不均匀，许多地方的产业规模和拥有的水资源量很不协调，水资源供需矛盾十分突出，部分地区缺水的紧张程度不亚于非洲的缺水程度，缺水现象在我国非常普遍。在我国经济可持续发展战略中，水资源利用将面临比世界其他国家更加严峻的局面，水资源短缺将成为我国经济发展的制约因素之一。实行水资源费征收制度还具有特别重要的现代改革意义。征收水资源费，是将对水的开发利用管理从简单直接的行政权力支配形式转变为按经济规律由社会实现自我调节的形式。由简单直接的行政管理转变为经济管理，是我国进行经济体制改革的一项重要内容，是水资源经济管理方法的创新，是营造良好水环境的必然选择。

此外，在对外开放的新形势下，征收水资源费还具有另一层重要意义，即体现国家主权和对国家效益损失的补偿。随着对外开放的不断深入，境外供水尤其是跨国供水将越来越多，我们对境外供水征收水资源费应予以充分重视。

三、强化水资源费经济杠杆作用

水资源是不可缺少、不可替代的资源。目前，我国迫切需要建立和理顺社会主义市场经济条件下水资源开发、利用、治理、配置、节约和保护的管理体制，实现以水资源管理为核心的资源水利的有序发展，水资源费经济杠杆作用的实质是促使水资源的优化配置，提高水资源的合理开发程度，使水资源的开发利用与社会、环境、经济协调发展。

（一）合理的价格机制

建立市场经济必须建立起以市场形成价格为主的价格机制，这样的价格机制才能真正反映资源的稀缺程度，成为权衡成本与收益以及协调各个经济主体利益的基本尺度。水资源作为国有资源，价格与价值严重偏离，以致人们将水资源误认为是"取之不尽，用之不竭"的天然资源。市场经济强调资源的价格与价值相匹配，所以必须将水资源经济管理引入市场经济，真正以资源产品形式进入经济活动中，通过灵活的水价变动，发挥价值规律的作用，使水资源的价格与价值相匹配，使水资源费真正起到经济杠杆的调节作用，以促进水资源的优化配置，提高水资源的合理开发利用程度。

（二）公平竞争机制

公平竞争作为市场经济的客观内在机制，是价值规律运动以发挥调节作用的形式参与经济活动的行为主体，通过市场竞争，使各经济实体在对利润的追逐中不断地提高生产效率，降低资源消耗。水资源是一种可以重复利用和具有时空分布不均衡的特殊资源，它是国民经济发展和人民生活所必需的自然资源，但其开发利用程度是有限的，如果开发利用程度超过其再生能力，则水资源将成为有限资源，直至枯竭。因此，国民经济发展规模及其生产力布局应本着水资源优化配置和有效利用原则，大力发展节水型经济——在保证居民生活用水的前提下，使国民经济各部门在水资源开发利用中公平竞争，充分发挥水资源费的经济杠杆作用，以促进水资源的合理利用，通过效率与效益的综合较量，实现优胜劣汰。

（三）供求平衡机制

由于水资源具有时空分布不均、较难远程输送等特点，所以应当根据变动再生资源的特性，制定合理的水资源价格，利用价值规律，通过市场经济合理配置水资源，以保持水资源的供求平衡及可持续利用，使水资源优先向水价合理、耗水量小、经济效益高的方向流动（包括跨流域调水），以促进水资源的高效利用，满足市场经营主体在市场竞争中的需要。这就要求在发展市场经济的同时，不断提高全民的惜水意识和水资源可持续利用观念，合理调配水资源，实现水资源的供需平衡和永续利用。

（四）水资源市场配置与宏观调控

社会主义市场经济配置水资源应确立宏观调控下的市场主导模式，它包含两个方面内容。

1. 微观经济活动由市场直接调节

由于将水资源经济管理引入市场，水资源的利用恢复了水的价值属性，使之有偿使用，并在竞争和供求关系中得到优化配置。

2. 宏观总量关系由国家计划调控

水资源的特点使之有别于其他资源。因此，在水资源的优化配置过程中，单凭市场调节很难满足社会和经济发展的双向需要，这就要强化政府的宏观调控功能，使水资源的宏观总量控制在科学决策下通过市场调节进入微观经济活动。

四、水资源动态经济管理

对水资源费实行动态管理，其主要目的是充分发挥水资源费的经济杠杆作用，引导各用水户节约用水、合理用水，提高水资源的合理利用程度。

（一）水资源收费标准

水资源费是体现对自然资源实行有偿使用的行政性收费，也是国家的一种积累性收费。水资源费的收费标准除了要体现地域级差外，还要与用水效益挂钩，要突破传统的收费概念，对用水经济效益好的用水户应该收取较高的水资源费，对于用水经济效益低的或没有经济效益的用水户（如生活用水），并非都是收取较低的水资源费或不收取水资源费，而应根据具体情况，收取适当的水资源费，以促进节约用水，取得较高的整体用水效益。

（二）动态水资源经济管理方法

在计算各用水户的综合用水效益及合理配水量的基础上，确定各个用水户的水资源收费标准，然后比较用水户的合理配水量与实际取水量，再根据差额部分制定具体的水资源经济管理政策。对于超标用水户，其水资源费的收取标准应在原有收费标准上再加收由于其超标而引起其他用水户用水量减少所造成的经济损失，甚至再加收一定数量的罚款，以促进其改进生产工艺，节约用水。对于用水比较合理的非超标用水户，应根据其盈余情况给予适当的奖励，这样就将单一的水资源费改成了分层次的水资源费，实现了水资源的动态经济管理。

（三）实现动态水资源管理的作用

水资源费是国家所有权的经济实现。在社会主义市场经济条件下，强调资源的价格与价值相匹配，所以水资源再不是各取所需，而是真正以资源产品形式进入经济活动中，通过灵敏的水价变动，发挥价值规律的调节作用，使水资源向价格与价值相匹配方向合理流动。因此，在我国水资源日趋紧张的情况下，深入研究水资源费的动态管理方法，将静态的水资源管理推向动态，充分发挥水资源费的经济杠杆作用，对于优化配置水资源、缓解用水矛盾具有重要意义。

第四节　水资源可持续利用战略

水是生命的源泉，是社会经济发展必不可少的资源，是生态环境的基本要素，它维系着社会的进步和人类的文明。社会经济的发展对水需求的不断增长和水污染的加剧，使水的供求矛盾日益突出，21 世纪全球经济和社会的持续发展受到淡水短缺的严重制约。水资源是生物圈内生物地质化学总循环中的重要一环，是自然界物质再生的一种过程。水资源的更新再生和可持续存在的能力就是靠水循环过程年复一年、周而复始补给的，水循环过程不仅提供源源不断的水资源，还起着美化自然、净化环境的作用。因此，维持水的可持续性，保护水循环过程的正常运转，将成为自然社会持续发展的一项重要任务。生态可持续性法则是地球生物圈存在的一个基本法则，对一切再生资源如生物资源和非生物资源（光、热、气、土等）都是普遍适用的。可持续性法则指出，只要对生物和非生物资源的使用在数量上和速度上不超过它们的恢复再生能力，再生资源便能持续不断地永存，但其永续供给的最大可利用限度应以最大持续产量为圭臬。例如，对生物种群而言，最大持续产量是指在每年不减少的种群再生能力下所能获得的最大数量的个体；对地表水资源而言，是指水循环中多年平均的最大水量；对地下水而言，是指地下水能长久供给，而不使水位下降或水量减少的最大可供水量。人类不合理的生活、生产活动，如污染水域和海洋、超采地下水、盲目围垦造田、滥伐乱垦等，将有碍和影响水循环过程的正常运转。只要水循环过程不受人为的阻碍和破坏，水资源的持续性和来源便有了自然的保障，再施以有效保护和科学管理，水资源就可被当代人和后代人持续利用。如果水循环过程受阻止或遭到破坏，不仅水资源持续利用难以顺利实现，还可能发生更加难以预测的严重后果，在水资源持续利用或生态水利的定义中，至少涵盖了以下五方面的重要内容。

第一，水资源持续利用或生态水利发展模式和途径与传统水利的发展途径和对水的传统利用方式有本质性的区别。除二者在指导思想、理论方法方面的差异外，传统的或现行的水资源开发利用方式是经济增长模式下的产物，其特点是只顾眼前，不顾未来；只顾当代，不顾后代；只重视经济基础价值，不管生态环境价值和社会价值，甚至不惜牺牲环境和社会效益，而只要经济效益。因此，造成了世界性的生态环境恶化，严重威胁人类的生存与发展。传统的资源利用方式是一种"竭泽而渔"的掠夺方式和粗暴的非持续利用方式，与持续的整体协调的利用方式截然不同。

第二，生态水利的开发利用是在人口、资源、环境和经济协调发展战略下进行的，这就意味着水资源开发利用是在保护生态环境（包括水环境）的同时，促进经济增长和社会繁荣，避免单纯追求经济效益的弊端，保证可持续发展顺利进行。

第三，水资源持续利用目标明确，要满足世世代代人类用水需求，这就体现了代内与代际之间的平等，人类共享环境、资源和经济、社会效益的公平原则。

第四，水资源持续利用或生态水利的实施，应遵循生态经济学原理和整体、协调、优化与循环思路，应用系统方法和高新技术，实现生态水利的公平和高效发展。

第五，节约用水是生态水利的长久之策，也是解决我国缺水贫水的当务之急。合理用水、节约用水和污水资源化，是开辟新水源和缓解供需矛盾的捷径，非但不会影响生活、生产用水水平，还会减少污染，改善环境，促进生产工艺进步，提高产品产值，提高人民生活质量。这项节水增值措施是生态水利的必由之路和最佳选择。我国是一个水资源紧缺、水旱灾害十分频繁的国家，水在中华民族的生存和发展中有独特的地位。合理地开发利用和保护水资源，为经济和社会的发展提供防洪安全和水源保障，创造性地发展资源水利，是我国社会主义现代化建设中的一项具有战略意义的任务。正因如此，在总结历史经验的基础上，国家做出了把水利放在国民经济基础设施第一位的重大决策，并把水利建设作为关系经济、社会发展以及人民生活全局的重大问题和当前经济、社会发展的一项紧迫任务来抓，这是 21 世纪水利经济发展战略的主题。

因此，可持续发展是谋求在经济发展、环境保护和生活质量提高之间实现有机统一的一种崭新的发展观念，是水利建设从粗放型工程水利向集约型资源水利发展的伟大创举。概括来说，水资源可持续发展战略思想包括以下四个要点。

一、以人为本

人类来源于自然，依存于自然，同时，也在不同程度地破坏着自然。为此，控制人口增长，规范人类行为，减少或杜绝人类对水资源的浪费与污染，维系人与自然的平衡，是实现可持续发展战略的主体。人类必须有能力自控于本体，当务之急，应树立起科学的观念。

第一，坚持可持续发展，必须认清：全球及中国的淡水资源都是极其有限的，绝非"取之不尽，用之不竭"。人类正面临着全球性水荒的挑战，要强化迎战意识，树立水资源危机观念。

第二，坚持可持续发展，必须认清：水是生命与战略资源，是人类赖以生存的物质基础。它虽然可以再生，但不可以取代。要警示世人，树立爱水如命的保护意识，建立水的人均资源观念。

第三，坚持可持续发展，必须认清：水资源在整个国民经济和社会发展中的地位和作用，从根本上提高各级领导干部和广大群众的资源意识。同时，要大力加强水资源国情的宣传教育，树立起节约水资源光荣、浪费水资源可耻的荣辱观。

第四，坚持可持续发展，必须认清：水不但具有资源属性，更主要的是具有价值属性。要改变传统观念，强化惜水如金意识，建立水资源的价值观念。

第五，坚持可持续发展，必须认清：污染水体特别是污染饮用水源，是不道德的和违法行为。必须教育各级干部及广大群众，提高道德水准，树立保护环境与生态的法制观念。

第六，坚持可持续发展，必须认清：控制人口数量，提高人口质量，规范人类行为，是解决水危机极为关键的途径。

二、以法为治

环境保护与资源管理是个特殊的领域，更需要法制来协调与约束。法制约束不严或执法不灵，必将带来水资源的严重破坏。法是人与自然，特别是人与水资源协调持续发展的手段。我国关于水方面的法律和法规已颁布很多，如《水法》《水污染防治法》《水土保持法》《河道管理条例》《饮用水源保护条例》等。实施可持续发展战略，推进水资源统一管理，最有效的手段就是强化执法，坚持依法治水，加大执法监督力度各级水行政主管部门要履行和运用法律、法规赋予的职责和权力，坚决纠正有法不依、执法不严的现象。各地区、各部门要自觉遵守和维护法律、法规的尊严和严肃性，从实施可持续战略出发，从有利于保护水资源持续利用出发，坚持依法办事，支持和配合水行政主管部门加强水资源的统一管理，进一步完善《水法》《水资源费征收和管理办法》等法律、法规，使水资源的管理制度更加完善和合理。

三、以财为基

　　水资源面临的严峻形势是质的污染与量的匮乏。治理水污染、建设城市污水处理厂、改造旧工艺、建设净水厂等都需要有足够的财力投入。

　　自然降水的 2/3 以径流形式流归大海，若截流留雨水必须多建水库，建库的投入也需巨额资金。可见，实现人与水资源协调持续发展，财力支持也是重要因素。现行环境保护方面的投资支出只占国民总收入的 2% 左右，而水利建设投资力度与投资需求也不相匹配。随着国民经济的发展，强化水利基础设施地位，加大水资源保护投入，以及水利建设投资结构的优化等，从总量上看都要求增加水利投入。

四、以统为策

　　实施可持续发展战略，最重要的是要实现和推进水资源的统一管理。只有实现统一管理，才能促使水资源利用由粗放型向集约型转变。传统体制下形成的水资源管理关系和管理手段已经不适应市场经济体制下资源管理和资源配置的要求，需要进行调整和理顺。水行政主管部门更要强化水资源统一管理的职能，加强水资源管理的"五统一"，使水资源的开发利用和保护适应两个转变的需要，让有限的水资源更好地为国民经济和社会的可持续发展服务。实施可持续发展战略，推进水资源统一管理，关键是实施取水许可制度，这是水资源管理的核心和关键。城市水资源供需矛盾最为突出，也是水资源管理最薄弱的环节，实施取水许可制度是城市水资源管理的重要举措，实施可持续发展战略，推进水资源统一管理，在管理方式和管理手段上要大力引进市场机制，以经济手段调控需求，建立合理的水价格体系，完善节水政策，促进节约用水。同时，要建立科学的水资源信息系统和调控体系，加强水资源管理队伍的建设和人员培训，提高水资源管理水平。

< PART SIX >

第六章

水利建设中的环境保护

第一节　可持续发展战略

一、可持续发展战略

实现可持续发展是人类面向未来的理性选择，是世界各国共同面临的重大而紧迫的任务，可持续发展思想的内涵与外延是极其丰富的。社会发展的不同阶段，强调的重点也不相同。当前，可持续发展思想注重长远发展和发展的质量，强调人口、资源、环境、经济和社会的协调发展，根本目的是提高人类生活质量，促进全社会今天和明天的健康发展。其包含了满足当代人与后代人的需求、国家主权、国际公平、自然资源、生态承载力、环境和发展相结合等重要内容。

由于世界的复杂性和社会经济发展水平的不同以及文化背景的差异，可持续发展作为世界各国的共同纲领，不同国家与地区可以根据自身的基础、条件、特点和要求确定不同的发展模式。中国作为发展中国家，实施可持续发展战略，把"发展"作为核心，把"协调"和"公平"作为持续发展的基础与条件。"发展"指的是促使经济不断增长，社会不断进步，人类财富不断增加，从而满足当代人和后代人不断增长的物质和精神需求。在发展过程中，强调社会、经济和生态环境"协调"，社会结构均衡有序，经济运行健康顺畅，生产方式优化高效，生活消费科学有度，人与生态关系和谐。在发展过程中，注重"公平"，国家之间、国内不同区域之间、当代人和后代人之间以公正的原则担负起各自的责任，以公平的原则使用和管理全人类的资源环境，以合作谅解的精神缩小人际间的认识差异，从而达到社会、经济和生态环境持续、协调发展的目的。

可持续发展的本质是创建与传统方式不同的思维方式与发展模式。在思维方式方面、人类要以最高的智力水平和高度责任感来规范自己的行为，正确处理"人与自然"和"人与人"两类基本关系，创造一个和谐发展的世界。在发展模式方面，要保持健康状态的经济增长，提高增长的质量、效益，以便较好地满足就业、粮食、能源及其他人类生存所必需的基本要素。经济发展不能以过度消耗资源与损害生态环境为代价，主要依赖人力资源素质的提高、知识与科技创新能力的增长，这有利于资源持续利用和生态系统良性循环，达到社会进步、经济繁荣、物质丰富、人际关系和谐、生态环境优美、资源配置代际公平的目的。

二、实现可持续发展的宏观机制研究

实现可持续发展的宏观机制，要用系统论的观点来剖析"自然—经济—社会"系统的结构、功能、运行机制与规律。"自然—经济—社会"复合系统可以被分解为自然生态、经济、社会三个子系统。

在自然生态子系统中，通过"生产者"（绿色植物）、"消费者"（动物）和"分解者"（微生物）与周围环境进行永无休止的物质循环、能量转换和信息传递，形成自然生产力，为人类提供各种物质、能量和生存环境。所谓生态平衡，就是在某一特定的条件下，适应环境的生物群体相互制约，使生物群体之间以及生物跟环境之间，维持着某种恒定状态，并且系统内在的调节机能遵循动态平衡的法则，使能量流动、物质循环和信息传递达到一种动态的相对稳定结构状态。

一个生态系统或生态群落发展到成熟、稳定阶段，其结构（种群类型及其比例，各种群个体数量）及功能（物质循环、能量转换、信息传递等）都处于动态的稳定状态，也就达到了生态平衡。达到生态平衡的系统具有较强的自我调节能力，遇到外界压力或冲击时，只要关键的限制因子不超过生物可承受范围，生态系统可以调整自身的运行，保持稳定。但是，如果外部干扰超过生态系统的调节能力，就会引起生态失衡，使系统的结构、功能遭到破坏。因此，在经济发展过程中，要通过加强生态环境保护和建设，有效利用自然资源，提高产出率，节省自然资源，保持生态系统的动态平衡，从而以稳定的数量和多样的品种为人类提供生产资料、消费物品和生产生活环境，实现资源持续利用。经济子系统通过社会生产的生产力和生产关系有效结合，形成一系列经济活动来创造社会财富。社会化生产是通过人的体力、智力投入，利用生态子系统提供的物质、能量和环境，创造各种物质产品和精神产品，以满足人类不断增长的需求，但同时又将生产、生活的废弃物排放到周围环境中。商品经济包括生产、交换、分配和消费四个环节，以市场交换为纽带、商品价格为杠杆，利用市场配置资源的基础作用和政府的宏观调控作用，在充分就业的前提下实现供给与需求均衡，达到资源最优配置的目的。两个子系统相互依存、相互制约作为生态子系统基本单元的食物链，经济子系统基本单元的生产—交换—消费链，纵横交错，相互连接，构成立体网状结构。两个子系统的基本矛盾是人类需求不断增长和生产力发展有限、生产不断发展与资源环境容量有限的矛盾。自然生产力和社会生产力是系统运行的动力，这些矛盾的运动推动系统从低级向高级演进。这一演进过程，既遵循生态系统的规律，按照生物生长与进化规律进行自然再生产，又遵循经济规律，通过人类体力和智力的投入，利用自然资源进行社会再生产。人类劳动（其中包括创新劳动和管理劳动）的投入，强化了自然生产力的作用；社会再生产扩大了自然再生产的效率，使得物质充分利用、能量有效转化、价值增值迅速、信息有效传递。但是，如果经济活动过度利用自然资源，将过多的废弃物排放到环境之中，超过了生态环境系统自身的承受能力，那么生态系统就会失去平衡，甚至崩溃；经济系统也难以实现应有的功能。仅有经济均衡和生态平衡还不够。在此基础上，只有实现生态与经济之间的协调和平衡才能实现可持续发展。人是"自然—经济—社会"系统中最活跃的因素，社会子系统是以一定物质生活为基础而相互联系的人类生活的共同体，是联结与协调生态和经济两个子系统的关键。人是社会的主体，劳动是人类社会生存和发展的前提，物质资料的生产是社会存在的基础。人们在生产中形成的与一定生产力发展状况相适应的生产关系构成社会的经济基础，在这一基础上产生与之相适应的上层建筑，要从总体上协调生态环境与经济的关系。不仅要不断调整生产关系，使之适应先进生产力的发展要求，完善上层建筑使之适应经济基础的需要，而且要充分利用现代科学技术和管理手段以及长期积累的有效经验，顺应自然规律，用适当方式改造、干预自然，通过自然资源综合利用及深度加工使价值增值。既能创造更多的社会财富，提高经济效益，又能节约自然资源，维护生态平衡，保持良好的自然环境。此外，还要求人类以高度的责任感，处理好人与自然的关系，转变传统的自然观、价值观，从自然"征服者"的角色转变为人是自然界的成员，尊重自然规律。在向自然索取的同时，也回馈自然，有目的地保护与建设生态系统，自控自律、合理消费、节约资源。同时，转变传统的伦理道德观念，树立"明天与今天同等重要"的思想，公平、公正地处理当代人之间、当代人与后代人之间的关系。只有当"自然—经济—社会"系统在达到动态的经济均衡、生态平衡的基础上，生态与经济之间协调平衡时，才能实现可持续发展。

三、可持续发展能力建设

可持续发展是一个战略目标，也是一个动态发展过程。可持续发展能力的大小，既是衡量可持续发展战略成功程度的标志，又是发展过程中发展能力和精神能力的总和。可持续发展的能力包括以下方面。

（一）人口承载能力

这是一个国家或地区人均资源数量和质量对于该区域人口生存和发展的支撑条件，也可以称为"基础支撑能力"。如果该区域的资源和环境能够满足当代人的生存和发展的需要，又为后代人的生存发展奠定了基础，则具备了可持续发展的基本条件。如果在自然条件下无法满足这一条件，就必须通过控制人口增长、依靠科技进步，提高资源利用率或者寻求替代资源等措施，使资源环境满足该区域人口生存和发展的需要。"基础支撑能力"以供养人口并保证延续为标志。

（二）区域生产能力

这是一个国家或地区的资源、人力、技术和资本能够转化为产品和服务的总体能力，也称为"动力支持能力"。在现代社会，人们已经不满足初步地利用自然状态下的"第一生产力"（通过光合作用利用太阳能），而且要进一步通过利用不可再生资源，依靠多种要素组合，以更高的效率，生产更多的产品，满足除了维持生存以外更多、更高的需求。可持续发展要求这一能力在不危及其他能力和子孙后代发展基础的前提下，能够与人的进一步需求同步增长。

（三）环境缓冲能力

人类对区域的开发、资源的利用、经济的发展、废物的处理等都应该维持在资源环境的允许容量之内，也称为"容量支持能力"。人类的生存支持系统和发展支持系统必须在环境支持系统的允许范围之内，才能不断增长。因此，资源环境的缓冲力、自净力、抗逆力以及它们之间的平衡与协调就显得非常重要。

（四）社会稳定能力

在人类社会经济发展过程中，不能由于出现自然干扰（如大的自然灾害或不可抗拒的外力干扰等）和社会经济系统的波动（如战争、重大决策失误等）而带来灾难性后果，这通常也被称为"过程支持能力"。为此，提高社会—经济—生态环境系统的抗干扰能力、应变能力和系统的弹性、稳健性十分重要。只有具备社会稳定能力，系统一旦受到某种干扰或冲击，它的抗冲击能力才是强劲的，重建过程才是迅速的。

（五）管理调节能力

可持续发展要求人的认识能力、行为能力、决策能力和创新能力适应总体发展水平，一般称为"智力支持能力"。也就是人的智力发展和对于社会—经济—生态环境系统的驾驭能力与发展水平是适应的。管理调节能力关系到一个国家、地区的制度合理程度和完善程度，涉及教育水平、科技竞争力、管理水平和决策水平。上述五方面的能力是相互联系、不可分割的。任何一个国家、地区可持续发展能力的形成、培育和增强，绝不是某一方面能力的单独作用，而是所有方面共同支持的结果；再者，任何一方面能力的削弱、丧失，将或早或迟导致可持续发展能力的毁坏。它们之间的相互关系大致可以概括为，人口承载能力是可持续发展的基础支撑，区域生产能力是动力牵引，环境缓冲能力是安全屏障，社会稳定能力使系统有序运行，管理调节能力是驾驭系统的关键，可持续发展作为两个动态过程，可持续发展能力建设是一个永无止境的过程。

具体来说，可持续发展的能力建设主要包括以下方面。

1. 生态环境保护与建设

自然生态环境是经济建设的条件，又为生产提供物质资源。采取开发与节约并举、把节约放在首位的资源利用方针，坚持"在保护中开发、在开发中保护"的原则，努力提高资源利用率。优化人力资源和自然资源的组合，坚持用高新技术改造传统产业，改变资源消耗过度的局面。探索新的经济发展模式，以高新技术为切入点，对资本、人力和资源的传统关系进行变革，以更少的资源，制造更多的产品，创造更多的就业机会，获取更多的收入，增加更多的社会财富。转变消费方法，逐步建立起资源节约型社会。

2. 基础设施建设

基础设施是一个地区社会、经济活动的基本载体，它反映了一个地区物质、能量与信息、知识交流的能力。

3. 人力资源培养

不仅包括劳动者的数量，更重要的是劳动者的综合素质。人力资源是一个地区社会经济发展的直接推动力。人力资源的培养既要发展适合当地需要的教育体系，也要形成留住人才、吸引人才、优秀人才脱颖而出的良好环境。

4. 资本聚集能力的培育

资本是融通、聚集资源要素的关键，也是区域发展的直接推动力；而融资的关键是引进技术、人才和管理能力。融资有许多措施，比如优惠政策融资、利用资源或市场融资、科技成果融资、营造优良环境融资等。在激烈的竞争中，后两种措施更具有活力和持久性。

5. 科技创新能力的提高

科技创新能力不仅包括区域自主创新能力，对于经济欠发达地区来说，促进科技成果转化为直接生产力，引进、吸收、推广、应用先进技术，在一定阶段内可能更为重要。

6. 体制创新能力的增强

好的体制可以更为有效地聚集、利用资源，增加信息量，减少信息成本和交易成本；加强管理，形成良好的市场秩序和社会信用，能够规避或减少风险。

7. 观念创新与先进文化建设

社会主义市场经济的健康发展要依靠优秀的道德传统、社会主义精神文明与科学信仰来统一思想、形成合力、减少摩擦；要以最高的智力水平和高度责任感来规范社会、经济行为，创造一个和谐发展的局面。

第二节　水资源持续利用

一、水资源的自然属性与开发利用特点

广义地说，地球上能为人类和其他生物的生存和繁衍提供物质和环境的自然水体，均属于水资源的范畴。狭义的水资源一般指在循环周期（一般为一年）内可以恢复和再生，能为生物和人类直接利用的淡水资源。这部分资源是由大气降水补给，包括江河、湖泊水体和可以逐年恢复的浅层地下水等，受到自然水文循环过程的支配。

（一）天然水资源的自然属性

1. 流动性

受地心引力的作用，水从高处向低处流动，由此形成河川径流。河川径流具有一定的能量。

2. 随机性

虽然地球上每年的降水基本上是一个常量，但受气象水文因素的影响，水资源的产生、运动和形态转化在时间和空间上呈现出随机性。水资源分布存有明显的时空不均匀性，且差异很大。

3. 易污染性

外来的污染物进入水体后，随着水的运动，迅速扩散，虽然水对污染物质有一定的稀释和自净能力，但有一定限度。当进入水中的污染物质超过这一限度时，就在水体中存留，并随着水流动、下渗、沉淀，以及通过生物链富集，迅速扩散，影响水的使用功能。江河水体中携带的泥沙沉淀后，还会造成河道、湖泊淤积。

4. 利害两重性

天然水是宝贵的资源，发生干旱灾害，水太少；水太多，则造成洪涝灾害，危及人类的生命财产和陆生生态系统，损害生态环境。水体污染后，对人类的健康、生活、社会、经济以及生态环境系统会产生很大的负面作用。

（二）水资源开发利用的特点

水资源是人类及一切生物赖以生存和发展的最基本的自然资源，水资源开发利用具有以下特点。

1. 功能多样性

水具有多种用途，可以满足许多不同的需求。水是生态环境系统的控制性因子，是人类生存和发展的基本物质。在经济建设中，水可以发挥多种作用，如市政供水、灌溉、水力发电、航运、水产养殖、旅游娱乐、稀释降解污染物质及改善美化环境等。城乡生活用水、生态环境用水，以及边远贫困地区的灌溉用水具有一定的公益性，工业用水、水力发电、水产养殖和利用水域旅游娱乐则具有更多的直接经济效益。所以，水资源是一个国家综合国力的有机组成部分。

2. 不可替代性

水资源在人类生活、维持生态系统完整性和多样性中所起的作用是任何其他自然资源都无法替代的。水资源对社会经济发展有许多用途，除极少数的情况（如水力发电、水路运输等）外，其他资源无法替代水在人类生存和经济发展中的作用。所以，水资源是一种战略性物资。

3. 利用方式多元性

为了满足需求，人类对同一水体可以从不同的角度加以利用，除了供水、灌溉要消耗水量外，还可以利用水能发电，利用水的浮托力发展航运，利用水体中的营养物质从事水产品养殖，利用河流湖泊形成的景观发展旅游娱乐，利用水体的自净能力改善环境，利用水的热容量为火力发电、化工生产提供冷却媒介，这些基本上不消耗水量，再者，防洪与兴利既是矛盾的，又是统一的。将洪水存蓄起来，既减缓洪涝灾害，又为兴利贮备了水源。总之，水资源可以综合利用。

二、水资源持续利用

水资源持续利用是在维持水的再生能力和生态系统完整性的前提下，支持人口、资源、环境与经济协调发展和满足当代人及后代人用水需要的全部过程。具体内容包括：水资源开发利用必须在承载能力和环境容量的限度之内，保持水循环的持续性、生态环境的完整性和多样性；坚持公平、效率与协调的原则，支持人口、资源、环境、社会与经济的和谐、有效发展。不仅要满足当代人发展的需要，而且不能对后代人用水需要构成危害。水资源持续利用具有自然基础。除深层地下水外，水资源是以年为周期的再生资源。在太阳辐射和地心引力的作用下，地球上的水通过包括海洋在内的水面蒸发、陆面蒸发、水汽输送、凝结、降水、陆面产流和汇流，最后汇集到海洋，形成地球水循环过程正是这一循环，使得河川径流和地下径流得到不断更新和补充。就水质而言，在人为或自然因素作用下，总有一些外来物质进入水体。在水的流动过程中，外来物质掺混、稀释、转移和扩散，在物理、化学和生物作用下，这些物质被分解、沉积，水体得到净化这种能力称为水的自净能力。只要进入水体的外来物质在自净能力之内，水质就不会进一步恶化。正是这年复一年、周而复始的地球水循环和水的自净能力，为水资源持续利用提供了自然支撑条件。虽然整个地球的年降水量基本上是一个常量，但天然水资源在时间和空间上分布极不均匀，很难保证人类多方面的用水需求，干旱、半干旱地区甚至不能维持生态平衡的用水要求。适当地兴建一些水利水电工程，既是当代社会经济发展的需要，也是可持续发展的要求。中华民族的历史是一部与频繁水、旱灾害长期斗争的历史。中华人民共和国成立以后，不断进行大规模的水利建设，在兴利除害两方面都取得了巨大成就。但是，以水资源紧张、水污染严重和洪涝灾害为特征的水危机已成为我国可持续发展的重要制约因素。我国人口众多，人均土地、水资源和生物资源都十分有限。在进入全面建设小康社会，加快推进社会主义现代化建设新阶段的时候，必须进一步从社会、经济、人口、资源和环境的宏观视野，对水资源问题总结经验，调整思路，制定新的战略。

三、我国水资源持续利用的举措

（一）人与洪水协调共处的防洪减灾战略

洪水是一种自然现象。我国在人多地少的条件下，为了开发江河中下游、湖泊四周的冲积平原，不断修筑堤防，与水争地，缩小了洪水下泄和调蓄的空间，当洪水来量超过了江河湖泊的蓄泄能力时，堤防溃决，形成洪灾。要完全消除洪灾是不可能的。人类既要适当控制洪水，改造自然；又必须主动适应洪水，协调人与洪水的关系。要约束人类自身的各种不顾后果、破坏生态环境和过度开发利用土地的行为。发生大洪水时，有计划地让出一定土地，提供足够的空间蓄泄洪水，避免发生影响全局的毁灭性灾害，同时将灾后救济和重建作为防洪工作的必要组成部分。城乡建设要充分考虑各种可能的洪灾风险，科学规划、合理布局，尽可能地减少洪水发生时产生的损失。要建立现代化的防洪减灾信息系统和防汛抢险专业队伍，完善防洪保险，健全救灾抢险及灾后重建的工作机制。这样，使防洪减灾从无序、无节制地与洪水争地转变为有序、可持续地与洪水协调共处；从建设防洪工程体系为主转变为在防洪工程体系的基础上建成全面的防洪减灾工作体系，达到减缓洪灾的目的。

（二）以建设节水高效的现代灌溉农业和现代旱地农业为目标的农业用水战略

改变传统的粗放型灌溉方式，以提高水的利用效率作为节水高效农业的核心。把水利工程措施和农业技术措施结合起来，最大限度地利用水资源，包括充分利用天然降水、回收水，利用经处理的劣质水。实行水旱互补的方针，重视发展旱地农业实现了这一战略转变，我国就基本上可以立足于现有规模的耕地和灌溉用水量，满足后代的农产品需要。

（三）节流优先、治污为本、多渠道开源的城市水资源持续利用战略

针对目前水资源短缺与用水浪费、污染严重并存的现象，大力提倡节流优先、治污为本、多渠道开源的城市水资源持续利用战略。"节流优先"不仅是根据我国水资源紧缺情况所应采取的基本方针，也是为了降低供水投资、减少污水排放、提高资源利用效率的理性选择。要根据水资源分布状况调整产业结构和工业布局，大力开发和推广节水器具和节水的生产技术，创建节水型工业和节水型社会。强调"治污为本"是保护供水水质、改善水环境的必然要求，也是实现城市水资源与水环境协调发展的根本出路。必须加大污染防治力度，提高城市污水处理率。"多渠道开源"指除了合理开发地表水和地下水外，还应大力提倡利用处理后的污水及雨水、海水和微咸水等非传统水资源。

（四）以源头控制为主的综合防污减灾战略

在我国经济的迅猛发展中，由于工业结构的不合理和粗放式的发展模式，工业废水造成的水污染占我国水污染负荷的 50% 左右。长期以来采用的以末端治理、达标排放为主的工业污染控制策略，已经被大量事实证明耗资大、效果差，不符合可持续发展战略。应该坚持以源头控制为主的综合治理策略，大力推行以清洁生产为代表的污染预防战略，淘汰物耗能耗高、用水量大、技术落后的产品和工艺，在生产过程中提高资源利用率，削减污染物排放量。加强点源、面源和内源污染的综合治理，特别要把保障安全卫生饮用水作为水污染防治的重点，保护好为城市供水的水库、湖泊和河流。

（五）保证生态环境用水的水资源配置战略

生态环境是关系到人类生存发展的基本自然条件。保护和改善生态环境，是保障我国社会经济可持续发展所必须坚持的基本方针。在水资源配置中，要从不重视生态环境用水转变为在保证生态环境用水的前提下，合理规划和保障社会经济用水。保证生态环境用水，有助于全球水循环可再生性的维持，是实现水资源持续利用的重要基础。

（六）以需水管理为基础的水资源供需平衡战略

目前我国的用水效率还很低，每立方米水的产出明显低于发达国家，节水还有很大潜力。在水资源的供需平衡中，要从过去的"以需定供"转变为在加强需水管理、提高用水效率的基础上保证供水、加强需水管理的核心是提高用水效率，是现代城乡建设、发展现代化工农业的重要内容。节约用水和科学用水是水资源管理的首要任务。

（七）解决北方水资源短缺的南水北调战略措施

黄淮海流域，尤其是中下游的黄淮海平原是我国最缺水的地区。目前以超采地下水和利用未经处理的污水来维持经济增长。为了改变这一局面，在大力节水治污、合理利用当地水资源的基础上，有步骤地推进南水北调。坚持"先生活，后生产；先地表，后地下；先治污，后调水"的原则，保障这一地区的社会经济可持续增长。

（八）与生态环境建设相协调的西部水资源开发利用战略

在西部大开发中，要从缺乏生态环境意识的低水平开发利用水资源，转变为在保护和改善生态环境的前提下，全面合理地开发利用当地水资源，为经济发展创造条件，合理调整农、林、牧业的结构，着重建设现代化节水高效的灌溉农业和高效牧业，大力发展中、小、微型水利工程（包括集雨窖），有条件的地方适当建设大型水利骨干工程，进行水土保持综合治理，在退耕还林还草的同时，建设有一定灌溉保证的基本农田，为脱贫致富和恢复生态环境创造条件。西南地区要发挥水能资源优势，开发水电，西电东送，取代东部地区污染环境、效率低下的小火电，加快当地经济发展。

第三节 水利工程建设与生态环境系统的关系

一、改善生态环境是水利工程的重要功能之一

在自然系统长期的演进过程中，河流、湖泊与水文气象、天然径流、土地、动植物相互适应、相互协调，成为自然生态系统的有机组成部分。与其他工程建筑类似，水利工程作为调节或控制天然径流、开发利用水资源的基础设施，对社会经济会产生积极影响，但在一定程度上又会干扰、影响自然生态系统。这些影响，有些是有益的，有些是有害的；有些可以通过生态系统的自适应机制进行调整，适应变化了的环境，以保持种群的生存繁衍，有些则可能使生物种群消亡；有些影响是永久的，有些是周期性的，也有些是短暂

的。随着工程规模的扩大，水利工程对控制调节天然径流能力增强，对社会经济和生态环境产生的影响也更显著、广泛、深刻。但是，从本质上讲，水利工程的作用是兴水利除水害，不仅具有显著的社会、经济效益，还可以促使社会经济和生态环境协调发展、改善生态环境。

第一，减少洪水灾害对生态系统的摧残。

超过河流湖泊承载能力、四处泛滥的水流现象称为洪水。虽然洪水是自然生态环境的有机组成部分，但在易受洪水淹没的地方，生态系统结构简单，生物多样性程度降低。发生不常遇的特大洪水，对自然生态系统则是极大的摧残，对某些物种而言甚至是毁灭性的打击。洪水不仅淹没土地，毁坏社会财富，中断交通、通信和输电，影响生产生活秩序，干扰经济发展，同时会造成人员伤亡，灾民流离失所，疫病流行。对生态环境而言，洪水淹没土地，摧毁陆生生态系统；破坏河流水系，冲刷地表土层，造成水土流失；致使有害物质扩散，病菌和寄生虫蔓延。洪水是世界上大多数国家的主要自然灾害。兴建水库、堤防和河道整治等水利工程可以控制、调蓄、约束或疏导洪水水流。有些工程（如堤防等）可以使保护范围免遭洪水侵害，保持相对稳定的环境，不仅使荒洲变良田，而且扩大了陆生动植物的生存空间；有些工程（如水库、蓄洪区等）可以减小洪水流量，减轻洪灾损失。通过工程措施和非工程措施相结合防灾减灾，可以促使社会稳定，经济发展，保护生态环境，提高环境质量。

第二，缓解干旱对生态系统的危害。

水可以使沙漠变为绿洲。持续的干旱会导致土地干化、江河断流、湖泊枯竭、地下水水位下降、加剧土地沙化，这些变化会影响到陆生和水生生物的生存与繁衍。干旱还导致地表水污染加剧，海水侵进河口，并使周围地区盐碱化。水利工程蓄丰补枯，为人类生活和社会经济活动提供水源，枯水季节增加了河流流量，有利于水生生物生长繁衍。稀释水体中的污染物质，抵制咸水入侵，抬升地下水水位。特别在严重干旱发生时，水利工程供水可以使生态系统维持水量平衡，包括水热平衡、水沙平衡、水盐平衡等，免受毁灭性打击。随着人类对生态环境问题的重视，即使在没有严重干旱发生时，许多水利工程也把提供生态环境用水作为运行目标之一。

第三，水电是一种清洁能源，替代火电，可以减少大气污染。由此可以减少酸雨产生的面源污染，缓解全球气候变暖的程度。

第四，修建水库，高峡出平湖，美化了自然景观。许多大型水库库区已成为风景名胜区或旅游休闲场所。

第五，在天然湖泊面积缩减的情况下，水库增加了地表水的面积，对维持全球水循环具有积极意义。

二、水利工程对生态环境的不利影响

河流、湖泊是自然生态系统的重要组成部分、全球水循环的重要环节。河流及其集水区域的自然生态系统（包括河道、河势、流量、水位、水流流速、输沙、蒸发、下渗、地下水、地形、地貌、局部气候、植被及栖息其中的生物种群数量和比例，当地居民的生产生活方式等）是经过千万年的发展与演替，逐步形成的动态平衡系统。水利工程是人类改造自然，利用资源，为人类自身福利服务的设施与手段，也是对自然生态系统的一种干扰、冲击或破坏。在获取社会、经济和生态环境效益的同时，对生态环境也有一定的负面影响。有些影响是不可避免的，比如，水库的修建要淹没土地、把陆生生态环境改变为水生生态环境，引起自然生态环境的急剧变化，原有的生态系统几乎全部被破坏，新的系统必须重建。有些必须经过较长时间的"磨合"与演替，才能适应变化，建立新的平衡。特别是利用高坝大库对江河径流过度控制可能会产生较为严重的生态环境问题，在取得巨大的发电、灌溉和防洪效益的同时，对生态环境也产生了许多不利影响。水库淹没了大量耕地、居民点和文物古迹；因蒸发损失许多水量；泥沙淤积，河床下切，海岸线退缩；进入地中海的水量减少，导致近海水循环及水质变化，近海浮游生物减少，影响了沙丁鱼的捕获量；农田灌溉水中的有机质减少，地下水位上升；血吸虫病传染区域增大；等等。

再者，修建水库前如果对当地的某些自然条件了解不够，对自然规律认识不足，导致水利工程规划、设计或运行调度存在某些失误或缺陷，可能会遭到大自然的无情惩罚，甚至导致灾难性后果。

但是，并非所有的水利工程都会产生生态环境问题。只要了解客观实际、顺应客观规律、适度干扰自然，趋利避害，水利工程在取得显著社会经济效益的同时，也能够取得明显的生态环境效益，都江堰水利工程就是这样的典范。都江堰水利工程位于成都平原扇形三角洲顶部、四川省都江堰市（原灌县）附近的岷江干流上，是战国时期蜀郡守李冰在公元前256—公元前251年率领劳动人民修建的。这是一座两级分水、两级排沙的无坝引水工程。工程设计科学，运行合理，效益卓著，活力无穷。两千多年来，不断为中华民族的历史添景增色。如今已发展成为一座具有灌溉、航运和防洪等综合效益的现代大型水利工程。都江堰具有全面效益和强大生命力的重要原因在于，从河流水沙运动的整体出发，通过选择都江鱼嘴、飞沙堰、宝瓶口的合理位置和恰当规模，以调节为手段，发挥自然系统自适应、自组织的内在机制，以简单驾驭复杂，协调平衡各类矛盾，把引水可靠、防洪安全和排沙有效和谐地统一在水沙运动的动态平衡之中，从而取得了社会、经济和生态环境等各方面的多重效益。

参考文献

[1] 刘志强，季耀波，高智.水利水电建设项目环境保护与水土保持监理工作指南 [M].昆明：云南大学出版社，2020.11.

[2] 贾志胜，姚洪林.水利工程建设项目管理 [M].长春：吉林科学技术出版社，2020.07.

[3] 刘勇，郑鹏，王庆.水利工程与公路桥梁施工管理 [M].长春：吉林科学技术出版社，2020.09.

[4] 闫文涛，张海东.水利水电工程施工与项目管理 [M].长春：吉林科学技术出版社，2020.09.

[5] 刘志强，季耀波，孟健婷.水利水电建设项目环境保护与水土保持管理 [M].昆明：云南大学出版社，2020.11.

[6] 曾光宇，王鸿武.水利坚持节水优先强化水资源管理 [M].昆明：云南大学出版社，2020.10.

[7] 林雪松，孙志强，付彦鹏.水利工程在水土保持技术中的应用 [M].郑州：黄河水利出版社，2020.04.

[8] 赵庆锋，耿继胜，杨志刚.水利工程建设管理 [M].长春：吉林科学技术出版社，2020.

[9] 张鹏.水利工程施工管理 [M].郑州：黄河水利出版社，2020.06.

[10] 崔洲忠.水利工程管理 [M].长春：吉林科学技术出版社，2020.08.

[11] 马琦炜.水利工程管理与水利经济发展 [M].吉林出版集团股份有限公司，2020.04.

[12] 王佳佳，李玉梅，刘素军.环境保护与水利建设 [M].长春：吉林科学技术出版社，2019.05.

[13] 王文斌.水利水文过程与生态环境 [M].长春：吉林科学技术出版社，2019.05.

[14] 许建贵，胡东亚，郭慧娟.水利工程生态环境效应研究 [M].郑州：黄河水利出版社，2019.07.

[15] 刘景才，赵晓光，李璇.水资源开发与水利工程建设 [M].长春：吉林科学技术出版社，2019.05.

[16] 唐涛，张锐，杨明哲.环境保护与水利资源 [M].延吉：延边大学出版社，2019.09.

[17] 张亮.新时期水利工程与生态环境保护研究 [M].北京：中国水利水电出版社，

2019.01.

[18] 刘汉东，刘颖 . 水利工程伦理学 [M]. 郑州：黄河水利出版社，2019.05.

[19] 董哲仁 . 生态水利工程学 [M]. 北京：中国水利水电出版社，2019.03.

[20] 王洪海 . 水利水电建设项目施工期环境管理 [M]. 西宁：青海民族出版社，2019.11.

[21] 贾艳霞，樊振华，赵洪志 . 水工建筑物设计与水利工程管理 [M]. 北京：中国石化出版社，
2019.07.

[22] 胡其伟 . 环境变迁与水利纠纷 [M]. 上海：上海交通大学出版社，2018.12.

[23] 王海雷，王力，李忠才 . 水利工程管理与施工技术 [M]. 北京：九州出版社，2018.04.

[24] 高占祥 . 水利水电工程施工项目管理 [M]. 南昌：江西科学技术出版社，2018.07.

[25] 姜忠峰，郭一飞 . 水利工程与环境保护 [M]. 北京：地质出版社，2018.07.

[26] 康彦付，陈峨印，张猛 . 水资源管理与水利经济 [M]. 长春：吉林科学技术出版社，
2018.04.

[27] 刘世煌 . 水利水电工程风险管控 [M]. 北京：中国水利水电出版社，2018.09.

[28] 张宗超，杜辉，刘志国 . 水利水电工程项目管理研究 [M]. 长春：吉林人民出版社，
2018.08.

[29] 陈俊 . 水利水电工程施工与管理研究 [M]. 天津：天津科学技术出版社，2018.06.

[30] 代德富，胡赵兴，刘伶 . 水利工程与环境保护 [M]. 天津：天津科学技术出版社，
2018.05.

[31] 焦二虎，麻彦，张龙 . 水利工程与水环境生态保护 [M]. 天津：天津科学技术出版社，
2018.01.

[32] 张文刚，雷勇，祝亚平 . 工程管理与水利生态环境保护 [M]. 新疆：新疆生产建设兵团
出版社，2018.12.

[33] 王绍民，郭鑫，张潇 . 水利工程建设与管理 [M]. 天津：天津科学技术出版社，
2018.05.

[34] 夏洪华，王继军，王莉 . 水利水电工程与管理 [M]. 北京：兵器工业出版社，2018.12.